博弈与决策

GAME AND DECISION-MAKING

南旭光 著

外语教学与研究出版社
北京

图书在版编目 (CIP) 数据

博弈与决策 / 南旭光著． -- 北京 ：外语教学与研究出版社，2012.2
(2019.8 重印)
ISBN 978-7-5135-1596-2

Ⅰ．①博… Ⅱ．①南… Ⅲ．①博弈论－通俗读物 Ⅳ．①O225-49

中国版本图书馆 CIP 数据核字 (2012) 第 016165 号

出 版 人　徐建忠
责任编辑　赵凤轩
封面设计　元　明
版式设计　彩奇风
出版发行　外语教学与研究出版社
社　　址　北京市西三环北路 19 号（100089）
网　　址　http://www.fltrp.com
印　　刷　中农印务有限公司
开　　本　787×965　1/16
印　　张　17.5
版　　次　2012 年 2 月第 1 版 2019 年 8 月第 11 次印刷
书　　号　ISBN 978-7-5135-1596-2
定　　价　38.00 元

职业教育出版分社：
　　地　　址：北京市西三环北路 19 号 外研社大厦 职业教育出版分社 (100089)
　　咨询电话：010-88819475
　　传　　真：010-88819475
　　网　　址：http://vep.fltrp.com
　　电子信箱：vep@fltrp.com
　　购书电话：010-88819928/9929/9930（邮购部）
　　购书传真：010-88819428（邮购部）

购书咨询：（010）88819926　电子邮箱：club@fltrp.com
外研书店：https://waiyants.tmall.com
凡印刷、装订质量问题，请联系我社印制部
联系电话：（010）61207896　电子邮箱：zhijian@fltrp.com
凡侵权、盗版书籍线索，请联系我社法律事务部
举报电话：（010）88817519　电子邮箱：banquan@fltrp.com
物料号：215960101

记载人类文明
沟通世界文化
www.fltrp.com

前言

Preface

本书面世于2012年2月，在其版权页上被定位于"通俗读物"，这是恰如其分的。2011年的时候，中央广播电视大学，现在的国家开放大学，刚好要开一门"博弈与决策"的素质教育通识课程，却没有教材。我在组织了一些同事讨论、逛了一圈书店、做了一番思考之后，为了普及博弈论以及介绍如何利用简单的博弈思想做好决策，围绕"通俗易懂、学以致用"的原则，果断地拉出框架，义无反顾地投入到了写作之中。那段时间，每天下班回到家，主要做的事就是打开笔记本电脑写书稿，以至于我才4岁的儿子南梓墨都不愿打搅我。或许在他看来，爸爸在做着一件他暂时想不通也不知道是什么的神秘事情，但是他竟然会表情严肃地说"爸爸加油，早点写完你的书，带我下楼玩……"如今，儿子都快10岁了。这一版还要献给他，为他的懂事，为他的成长，也为我在他成长路上缺失的陪伴。

在本书初版的前言中，我开篇就提到：当今社会，正如你所见，各个方面的竞争性和对抗性日益加剧，大家对自身行为、理性决策和对效率的追求日益增强。几年过去了，这种竞争性和对抗性没有任何缓和的迹象，反而是越来越强烈了。我们每一个人都在无休止地经历着工作、生活、社交，也在无休止地为各种问题和冲突做着决策。对每一件事情，你的选择和你身边的人一样，都在相互作用着，这种互动关系必将对你的行动和思维产生重要影响。著名心理学家布鲁纳和波斯特曼认为，"我们的知觉结构在很大程度上是由我们的预期所决定的，这些预期建立在过去和情境的基础上。"所以，很多时候，我们做出决策和判断的标准并不是建立在理性基础上的"最佳选择"，而是建立在人类心理上的"第一满意选择"，很多非理性选择的因素在影响着我们的决策。因此，当我们要做出任何重大决策或判断之前，很应当停下来想一想并问清楚自己一些关键问题，而更为主要的是，我们要掌握一些科学决策的方法。所以说，决策是否科学、合理，是至关重要的。

在经济学界，有人认为经济学的发展至今经历了若干次（因为观点不一，不便详述）重要的"革命"，而最近的一次革命的主角就是博弈论。它在英文中被称为"Game Theory"，就是关于游戏的理论，但是这种游戏涉及的范围很广，从围棋到战争，从讨价还价到企业并购，从足球比赛到政治对决，从审问犯人到军备竞赛，可以说无所不包。从学术的角度看，博弈论通常是指研究多个个体或团队之间在特定条件制约下的对局中，利用相关方的策略而实施对应策略的学科。博弈论的发展的确引发了一场深刻的经济学革命，它们不仅代表着一种新概念、新方法论、新分析方法，而且是一种全新的思想。经济学大师保罗·萨缪尔森就这样告诉我们："要想在现代社会做一个有文化的人，你必须对博弈论有一个大致的了解。"

大千世界、芸芸众生，都在不停地上演着博弈对局，所有的人都轮番出着各自的招数。我们每一个聪明而且自利的人，即通常说的理性经济人，都追寻着在自己人生的每一场对局中如何采取行动以及如何与对手互动。这就涉及如何参与博弈并做出相应的决策问题了，本书就是围绕这个而写的。这本书的目的其实很简单，就是希望你在了解了博弈论的基本理论后，能够直接运用于各种决策之中。

在本书初版的基础上，本次修订未做大的改动，除了更新了内容、纠正了错漏、修改了案例、增加了习题外，我依然坚持之前就确定的风格：简约、清新、鲜活。

所谓简约，本书摒弃了传统的博弈论中让读者望而却步的纷繁复杂的数理公式和过程推导，彻底避免了令人眩目的数学模型，尽量用平实的语言和简洁的图表来描述，让朋友们根本不需要有高深的数学知识储备就可以读懂本书，也许你需要做一点点加减乘除运算，至于是否"简约而不简单"还需要你自己去判断。所谓清新，本书每一章的每一节都可以独立成一个专题，方便你随时随地随性地阅读，并且本书在语言上尽量生活化、活泼化，将正规教科书式的语言放到了一边，因为那样读起来会过于沉重，但是仍然可以让你领略到博弈论的真谛，这也正是本书的目的所在。所谓鲜活，本书所涉及的决策，涵盖了社会、政治、法律、军事、国际关系、经济、管理等活动中的方方面面，我尽量将各类实际生动的例子呈现给大家，当然限于篇幅，也为了节约你的购书成本，我只能点到为止，更多的还是需要朋友们在阅读完本书后用博弈论的思想去领悟你周围的世界。

那还是十五年前，我读研究生的时候，我才真正认识了博弈论。现在几乎每一个攻读经济学或管理学学位的人都会在课堂上正式接触博弈论。但是我发现，除了其中那些艰涩难懂的原始文献和玄妙高深的数理模型需要得到教授的口头传授和同学们的集中研讨之外，博弈论其实更适合自我钻研，而且这应该会更有趣一些。我不知道读者朋友们都各自从事什么工作、学习什么专业，但是我可以肯定的是，学习了博弈论，你一定和别人不一样，它会对你的日常生活产生潜在的影响。事实上，很多职业经理人、企业家、外交官、军事家等都或多或少地洞悉一些博弈论。当然，也许别人不一定看得出来这种影响，因为你更多的是在心里考虑对方可能怎么做，然后你再采取什么行动。现在的问题是，为了更好地决策，你该如何增强你在博弈论方面的功力呢？我已经替你想过了，你应该找一本简洁明快并且便于阅读和理解的博弈与决策方面的书来看。如果你看到本书之后，你就可以下单购买了，相信你不会为此感到后悔的，因为这是你的一个明智的选择。

　　本书重新修订付梓之际，有很多人需要感谢，但不知从何说起。他们有的和我一道讨论本书的目录、风格、结构、逻辑和内容安排等，提出了很有价值的建议和意见；有的一直以来对我提供了很多支持和鼓励；有的认真阅读本书的第一版，发现了书中错误，并提供了有价值的评论；有的为本书的再版提供了诸多帮助……反复思考之后，我决定在这里留下足够的空间，不一一表达我的谢意。谨以此书献给他们。

二〇一七年五月于重庆

目录

GAME AND DECISION-MAKING

Catalog

第1章
策略行为：决策即博弈

知彼知己，百战不殆；不知彼而知己，一胜一负；不知彼，不知己，每战必殆。

——《孙子兵法》

2011 年，一部《战国》让我们在震撼人心的战争场面中领略到了凝聚兵法智慧的孙庞斗法，也重现了历史上著名的"田忌赛马""围魏救赵""马陵之战"等经典战役，还将"三十六计"中的"反间计""美人计""偷梁换柱""苦肉计"等展现得淋漓尽致，处处闪现出战国时代兵家充满智慧与奇谋妙计的策略博弈。2014 年，根据小说《林海雪原》改编的电影《智取威虎山》，讲述了一支骁勇善战的解放军小分队与在东北山林盘踞多年的数股土匪斗智斗勇的故事，向我们揭示了敌我双方高妙的博弈行为。2016 年，根据真实事件改编的电影《湄公河惨案》，展示了我国派出的一支缉毒精英为解开中国商船船员遇难所隐藏的阴谋，与犯罪团伙进行殊死搏斗和全面的智力较量，最终揪出运毒案件幕后黑手的故事，演绎了现实生活中的警匪博弈行为。

故事还在继续，智慧依然闪光，博弈层出不穷，策略或繁或简。人类最有趣的行为就是竞争——其实，不仅是人类，自然界的动物也是如此，如果我们细心观察一下的话。我们（或者它们，那些自然界的动物们）往往都是先考虑对方可能会怎么做，然后再采取行动。这就是博弈，这就需要做出决策。下面，本书就从战国时代的一个故事开始。

‹‹‹ 田忌赛马

话说 2 300 多年以前的战国时代，我国中原大地上正值两个大诸侯国齐、魏争霸，其他各小诸侯国也交战不断。新兴地主阶级的贵族们暗地里都在广招贤才以为自己日后图谋霸业而积累人力资源。因为被同门师弟陷害而在魏国遭剜去两个膝盖骨的齐国人孙膑经过一番磨难后回到了齐国，并因他的才智很快见到齐国大将田忌。田忌十分赏识孙膑的才干，便将他留在府中，以接待上宾的礼节殷勤加以款待。

这位田忌将军很喜欢赛马，却经常输掉比赛，每次都搞得自己甚为不爽。这期间发生了一件事，司马迁老先生在《史记》之《孙子吴起列传》中是这么描写的：

忌数与齐诸公子驰逐重射。孙子见其马足不甚相远，马有上、中、下辈。於是孙子谓田忌曰："君弟重射，臣能令君胜。"田忌信然之，与王及诸公子逐射千金。及临质，孙子曰："今以君之下驷与彼上驷，取君上驷与彼中驷，取君中驷与彼下驷。"既驰三辈毕，而田忌一不胜而再胜，卒得王千金。於是忌进孙子於威王。威王问兵法，遂以为师。

对于 2 300 多年前的事情，我们也实在看不真切了，要不咱穿越一下历史，来演绎一下这个故事，大概是这样的。

田忌将军在齐国周边无战事的时候，喜欢和达官贵人及诸位公子们赛马，每次赌注都很大。他们一般是三局两胜，而且他们习惯把各自的赛马依据实力大小分成上、中、下三个等级。有一次，齐国国君威王心情甚好，便和田忌约定好在一个风和日丽的日子进行一场赛马比赛。比赛的时候，或许由于"我的马肯定比你的强"这种心思的存在，反正没人多想什么，田忌和齐威王依然还是采取"上马对上马，中马对中马，下马对下马"的策略。但是人家齐威王毕竟是一国之君啊，马厩里的马都不是等闲之辈，结果齐威王手下每个等级的马都比田忌手下的相应等级的马要强一点，所以三局之后，田忌败了。但是他心有不甘，心想，这怎么可能呢，我的马也是到处征集来的宝马良驹啊，所以继续坚持了若干回合，可是比赛结果依旧。田忌觉得很扫兴，垂头丧气地站起身来，正打算向齐威王请奏这场比赛到此结束呢，突然感觉身后有人拉了他的袍子一把，田忌回头一看，侍从指了指在自己队伍中观看比赛的门客孙膑，并说孙膑让他告诉将军，他有办法可以挽回败局。

孙膑来到前面悄悄地对田忌说："老大，我刚才看了赛马，齐威王他老人家的马比咱的马也快不了多少。"孙膑这边没有说完，田忌就瞪了他一眼："你什么意思啊？看我不顺，这时还来挖苦我不成！"孙膑不急不慢地说："天地良心啊，我是说如果你愿意再同他老人家赛一次，我有办法准能让你赢了他，连本带利地捞回来。"田忌疑惑地看着孙膑："你是说另换一匹马来？可是我马厩里的马都还赶不上这三匹呢！"孙膑轻声地说："咱连一匹马也不需要换，我愿意立下军令状，如果按照我的办法，我保证让咱们赢得这场比赛。"田忌毫无信心但又心有不甘地说："好，你去安排吧。"

齐威王屡战屡胜，正在得意扬扬地夸耀自己的赛马神勇的时候，看见田忌离席走上前来，便说："田将军，怎么啦，你服不服气啊？"田忌说："君上，您的马神勇，臣很是佩服，也很羡慕，但是我想孤注一掷和您再赛一次！"并转身让侍从把后面的一千两黄铜①全拿上来，作为他下的赌钱。齐威王一看，心里暗暗好笑，心想"这家伙咋回事啊，输急了还是疯了啊？"但是也不能丢了自己的形象啊，于是吩咐手下，把赢得的黄铜收拾一下，又加了一千两黄铜，也放在桌子上。双方准备就绪之后，一声锣响，比赛开始了。这次，按照孙膑的策略，田忌这方先以下等马对齐威王的上等马，田忌毫无悬

① 据史料及考古发现，齐国自春秋时期始至公元前221年被秦所灭，就以刀币（因其形状像刀而得名）为主币，在中国货币史乃至金属铸造史上都具有重要地位。那个时期及至秦汉，金多指黄铜，因为铜在当时应是非常珍贵而价值相当高的物品，"千金"实为"铜千金"。

念地输了第一局。齐威王站起来哈哈大笑，心想田忌这家伙真疯了。在接着进行的第二局比赛中，孙膑拿上等马对齐威王的中等马，最后险胜了一局。齐威王开始有点慌了。第三局比赛中，孙膑拿中等马对齐威王的下等马，这次以微弱优势又获胜一局。这下，齐威王目瞪口呆了。根据三局两胜的赛制，这场比赛是田忌赢了。尽管齐威王还不明就里呢，但是田忌却明白了：还是同样的马匹，由于孙膑调换一下比赛的出场顺序，就得到转败为胜的结果。不禁暗暗地说"孙膑，高！你小子的这个决策够厉害！"其后，当齐威王了解了该赛事的缘由之后，便对孙膑刮目相看，并任命他为齐国军师。

我们来分析一下这个赛马的故事：齐威王有上、中、下三匹马，假设分别拥有 10、8、6 个小宇宙的能量；田忌也有上、中、下三匹马，假设分别拥有 9、7、5 个小宇宙的能量。由于每次只能一匹马对一匹马，那么齐威王和田忌就必须在第一局中各自派出一匹马，第二局中就要在剩下的两匹马中各自再派出一匹马，最后各自剩下的一匹马来决战第三局。这个比赛过程是很清楚的。

我们把双方的部署称为策略，那么齐威王有三种策略可以选择，田忌也有三种策略可以选择。这样一来，3 乘以 3 就等于 9，一共可以构成 9 种策略组合，或者说 9 种可能的对局。为了便于观看这场比赛，我们用 3 行 3 列的矩阵图来表示比赛结果。我们在图片的上方写上"齐威王"以及可供齐威王选择的上、中、下三种策略。同时在矩阵图的左方写上"田忌"以及可供田忌选择的上、中、下三种策略。中间的每一个方格就代表了这场比赛的可能的结果。当然，为了看清比赛的结果，我们用"-"表示输，"+"表示赢。方格左下方如果是"-"，表示田忌输掉了这一局的比赛，方格右上方如果是"-"，表示齐威王输掉了这一局的比赛。方格左下方如果是"+"，表示田忌赢了这一局的比赛，方格右上方如果是"+"，表示齐威王赢了这一局的比赛。好了，这样就可以很清楚地画出赛马的输赢分析图，如图 1-1 所示。

♞?		齐威王		
		上	中	下
田忌	上	+ / −	− / +	− / +
	中	+ / −	+ / −	− / +
	下	+ / −	+ / −	+ / −

图1-1　田忌赛马的输赢分析

很显然，如果采取传统的"上马对上马，中马对中马，下马对下马"的策略，两方都按既定的思路出战。就比如说，当田忌在第一局派出上等马时，齐威王也派出上等马，那么两强相争必有一番看点，两匹宝马良驹在赛道上如风驶过，但是毕竟人家作为一国之君所养的马怎么都会好一点吧。就这样，田忌输掉了第一局。第二和第三局也是如此，没有什么悬念。所以呢，三局下来，田忌得到的结果都是"−"，也就是他会输掉比赛，因为田忌每一等级赛马的小宇宙能量都比齐威王相应等级赛马的小宇宙能量要弱。

如果你是田忌，如果你也知道你和齐威王两个人所拥有的马匹的能量对比，那么你画好这个分析图之后，放眼望去，难免会大吃一惊，我的天啊，9个可能的结果，有6个是人家齐威王能够获胜，这游戏还怎么玩啊？但是，田忌其实并不知道这个可能的结果，因为他没有发现他的三匹马和齐威王的三匹马之间的实力相差不大，或者即使他发现了这一点，也没有想过可以变通一下赛马对局的策略。

然而，孙膑发现了。他首先发现田忌的三匹马和齐威王的三匹马之间的实力相差不大，然后在心里默默地分析了一下，就已经觉察到，其实田忌并不是总那么倒霉的，在矩阵图一些框格的左下方的符号也有

"+"呢。对了，你数一下，有三个！那么是不是田忌要是按照这三个策略派出赛马的话，是否就意味着田忌会获胜呢？没错！所以，孙膑就这么做了，他要保证通过以"上马对中马，中马对下马"的策略赢得两局，那么就要同时实施以"下马对上马"这个看似愚蠢的策略。结果，这轮比赛就成了流传两千多年的经典故事——田忌赛马。

这个故事说明，虽然整体实力大小不如对手，既有策略下的结果也明显不利于自己，但是一样可以获得胜局，问题的关键就在于改变对局的策略。这靠的是什么呢？既然我们不能改变现有的实力，那就只有靠我们的智慧了，这才是决策之道——策略思维。

∷∷∷ 博弈论及其发展

我们中国古语有云，世事如棋。生活中我们每个人如同运盘执子的棋手，每一个行为就如同在一张看不见的棋盘上布一个棋子，精明慎重的棋手们相互揣摩、相互牵制，人人争赢，下出诸多精彩纷呈、变化多端的棋局。博弈论是研究棋手们"出棋"招数中理性化、逻辑化的部分，并将其系统化为一门学科。换句话说，就是研究经济社会中的行为个体如何在错综复杂的相互影响中得出最合理的策略。事实上，博弈论正是衍生于古老的游戏或者博弈，如象棋、围棋等。数学家们将具体的问题抽象化，通过建立完备的逻辑框架、体系研究其规律及变化。这可不是件容易的事情，以最简单的两个人对弈为例，稍想一下便知此中大有玄妙：若假设双方都精确地记得自己和对手的每一步棋且都是最"理性"的棋手，甲出子的时候，为了赢棋，得仔细考虑乙的想法，而乙出子时也得考虑甲的想法，所以甲还得想到乙在想他的想法，乙当然也知道甲想到了他在想甲的想法……

说到这里，各位就明白了，这不就是我们日常生活中所玩的"石头、剪刀、布"游戏吗？我们大家平常进行的象棋、围棋、扑克等活动，原来都是在博弈啊！是的，其实博弈论思想古已有之，除了前面这个田忌赛马的故事外，我国古代由孙武所撰的《孙子兵法》就不仅是一部军事著作，而且说起来也算是最早的一部充盈着博弈思想的著作，其除了在军事上具有指导意义外，还在经济、政治等众多有类似"策略互动"情形的领域中有一定的借鉴作用。

也就是说，在具有竞争或对抗性质的行为中，参加斗争或竞争的各方各自具有不同的目标或利益。为了达到各自的目标和利益，各方必须考虑对手各种可能的行动方案，并力图选取对自己最为有利或最为合理的方案。博弈论就是研究博弈行为中斗争各方是否存在着最合理的行为方案，以及如何找到这个合理的行为方案的数学理论和方法。

如果下个定义的话，**博弈论**（Game Theory）是指研究多个个体或团队之间在特定条件制约下的对局中，利用相关方的策略而实施对应策略的学科。

下面我们还是简要地来看一看博弈论的发展吧，这恰恰可以说明它在经济社会中的重要意义。

凝结着世界各民族劳动人民智慧的许多博弈游戏（如纵横图、九连环、象棋、围棋、扑克、桥牌等）始终吸引着众多数学家的研究兴趣，他们利用数学的方法分析这些游戏中的"最佳的步""最佳的追踪""最佳的玩法"等最佳策略，也在对这些游戏的研究中不断推出了一些新的理论。

如果说起现代博弈论的发展，20世纪初期则是其萌芽阶段，不少学者主要是从竞赛与游戏中引申出来的严格竞争博弈，也就是说两人零和博弈。在这类博弈中不存在合作或联合行动，对弈双方的利益是严格对立的，其中一方的所得必然等于另一方的损失。这个时期提出了博弈扩展型策略、混合策略等重要的概念，为博弈论后来研究对象范围的拓展与研究的深化奠定了基础。

1944 年，美国天才数学家约翰·冯·诺伊曼（John von Neumann）和经济学家奥斯卡·摩根斯特恩（Oskar Morgenstern）在研究扑克等游戏的基础上不断深入，最终合著的《博弈论与经济行为》一书得以出版，这标志着比较系统的博弈论理论的初步形成。这本巨著汇集了当时博弈论几乎所有的研究成果，并将博弈论的框架首次完整而清晰地表述出来，使其作为一门学科获得了应有的地位。同时，作为经济学家的摩根斯特恩首先清楚而全面地确认，经济行为的主体在决策时应考虑到经济学上的利益冲突。博弈论的基础理论研究在 20 世纪五六十年代获得了迅速的发展，新的思想和理论创新的发展进一步加快了，其原因是博弈论开始被人们发现还可以应用于研究如此众多的不同领域中的不同问题。这些领域的应用情况包括20 世纪 60 年代的国际关系，20 世纪 70 年代至 80 年代的经济学、商业以及进化生物学领域，还有 20 世纪 80 年代和 90 年代的政治科学领域。

到了 20 世纪 90 年代以后，博弈论在国际学术界频频获奖，戴维·克雷普斯（David Kreps）、保罗·克鲁格曼（Paul Krugman）和桑福德·格罗斯曼（Sanford Grossman）皆因在博弈论上的贡献而获得了美国的克拉克奖（Clark Medal），这个奖是全美对 40 岁以下经济学家的最高奖。特别是 1994 年的诺贝尔经济学奖授予了美国数学家约翰·纳什（John Nash）、美国经济学家约翰·海萨尼（John C. Harsanyi）和德国经济学家莱因哈德·泽尔滕（Reinhard Selten）三人，以表彰他们在非合作博弈的均衡分析理论方面作出的开创性贡献，对博弈论和经济学产生了重大影响。这意味着博弈论的重要性得到了学术界的公认。在短短数十年发展过程中，博弈论以其新颖的思路、有力的经济分析工具和完整严密的体系为经济学界带来一股新风，使一些传统经济理论得到更合理的重新解释，也使经济学家有能力去探索某些新领域。特别是近 20 年来，博弈论在西方经济学中得到的成功应用，几乎使整个西方经济学都用博弈论的观点进行了或正在进行改写，由此也在学术界引起很大的反响。

2005 年, 诺贝尔经济学奖授予以色列经济学家罗伯特·奥曼 (Robert J. Aumann) 和美国经济学家托马斯·谢林 (Thomas C. Schelling), 以表彰他们通过博弈理论分析增加了世人对合作与冲突的理解。在回答记者有关诺贝尔奖评委的评选标准时, 瑞典皇家科学院常任秘书贡纳尔·厄奎斯特 (Gunnar Oquist) 说: "我们关注的是这些科学家的理论和发现对人类进步的影响, 尤其是对目前我们生活的这个社会和时代的影响。"他们在博弈论的数理基础之上, 开辟了非数理博弈新方向, 用概念模型来弥补数理模型的不足。他们用非数理博弈理论解决政治冲突的方法和思路, 对世界经济与政治产生了深远的影响, 对维护世界和平、促进共同发展奠定了理论基础。

2007 年, 美国经济学教授里奥尼德·赫维克兹 (Leonid Hurwicz)、埃里克·马斯金 (Eric S. Maskin)、罗杰·梅尔森 (Roger B. Myerson) 获得该年度的诺贝尔经济学奖。获奖的理由是表彰他们为机制设计理论奠定基础。机制设计理论可以看作是博弈论和社会选择理论的综合运用, 也就是考虑构造什么样的博弈形式, 使得这个博弈的解最接近那个社会目标。

事实上, 除了以上这些之外, 1996 年的诺贝尔经济学奖是表彰詹姆斯·莫里斯 (James A. Mirrlees) 和威廉·维克瑞 (William Vickrey) 在不对称信息下对激励经济理论作出的奠基性贡献, 2001 年的诺贝尔经济学奖是表彰乔治·阿克洛夫 (George A. Akerlof)、迈克尔·斯宾塞 (A. Michael Spence) 和约瑟夫·斯蒂格利茨 (Joseph E. Stiglitz) 在不对称信息条件下的市场运行机制方面所作的开创性工作。而这些都与博弈论有着千丝万缕的密不可分的联系, 因为他们正是在利用博弈论开展激励和机制设计工作, 在这里不再多说。

诺贝尔经济学奖在这么短的时间内多次频繁光顾博弈论领域, 彰显了博弈论在经济学中的重要地位。现在, 经济学越来越转向人与人关系的研究, 特别是人与人之间行为的相互影响和相互作用, 人与人之间利益和冲突、竞争与合作, 而这正是博弈论的研究对象。博弈论是在追求个体利益最大化的前提下，研究博弈方策略相互依存的最佳决策模式。经济学的研究思路是在给定约束条件下，个体如何取得最大效用的最佳行为模式。两者研究模式的统一，使得博弈论成为研究经济学的最佳分析方法和工具之一。以至于博弈论的影响已经遍及产业组织理论、契约设计理论、政府规制理论等诸多方面，为研究各种经济现象开辟了全新视野。

现在，随着社会各种媒体的狂轰滥炸，人们对博弈论中的一些术语已经耳熟能详。博弈论也就开始变得大众化起来，不再是仅为少数研究者所知了。翻开报纸，"百事员工罢工不是维权是博弈""楼市调控预期多方博弈""小企业如何与大客户博弈""房企博弈银行：剪不断，理还乱"……各种利用博弈字眼或者体现博弈思想的文章层出不穷，就连我们日常社交活动、经营管理活动等也不时被"博弈"两个字充盈着。这就说明博弈论的思维方式已经逐渐走入了我们寻常的生活。的确，我们应该了解并掌握一些关于博弈论的技巧，著名经济学大师、美国第一个诺贝尔经济学奖获得者保罗·萨缪尔森（Paul Samuelson）这样告诉我们：要想在现代社会做一个有文化的人，你必须对博弈论有一个大致的了解。所以，博弈，不仅体现着我们的智慧，也不仅是表达了我们处世的方法，更已经成为一种我们生存的方式。因为博弈就需要做出决策，而决策就决定了输赢。博弈如斯，人生如斯！

❮❮❮ 博弈要素

有一道叫做"攻防作业"的智力题：现在蓝方有两个师的军力，任务是攻克红方占据的一座要塞。而红方的防御军力是三个师。规定双方的军力只可整师调动，通往这座要塞的道路有甲乙两条，我们不妨称之为两个据点。当蓝方发起攻击时，若蓝方的军力超过红方就获胜；若蓝方的军力比红方防御部队军力少或者相等，蓝方就失败。假如你是蓝方的司令，请问你如何制订进攻方案？

这是一个很简单的智力游戏题，但是看起来有让人难以接受的苛刻条件——以少克多这可不是闹着玩的！的确如此，但我们先不去讨论这个题目本身所给的信息及规则是否公平合理，我们还是先来分析一下这个博弈的要素吧。

首先，这个博弈中出现了两方，蓝方和红方，这就是该博弈中的**参与者**（Players）。参与者就是指谁参与了博弈，而参与博弈的人通常也称为局中人。在上述攻防作业的博弈中，参与者有两个，这也就是一般意义上的双人博弈，如果参与者有多个，就是多人博弈了。参与者的目的是通过合理选择自己的行动，以便取得最大化的收益。当然，参与者的选择不仅取决于自己的决策，还要取决于对方的决策，也就是说参与各方的决策过程其实就是一个利益博弈的过程。另外，参与者可以是自然人，也可以是团体，如企业、国际组织、国家等。

其次，红蓝双方可以选择的部署方案在博弈论里就被称之为**策略**（Strategies），有时也被称为**行动**（Actions）。但是应该强调的是，策略是参与者如何对其他参与者的行动做出反应的行动规则，它规定参与者在什么情况下选择什么行动，但并不是行动本身。如果 N 个参与者每人选择一个策略，就组成了一个**策略组合**。参与者做出决策的原则都是在其他参与者每一种可选择的情况下做出对自己最有利的决策。

对于红方而言，有四种部署方案即四种策略可以选择：

A——三个师的军力都驻守在甲据点；

B——两个师驻守在甲据点，一个师驻守在乙据点；

C——一个师驻守在甲据点，两个师驻守在乙据点；

D——三个师的军力都驻守在乙据点。

对于作为蓝方司令的你而言，则有三种可能的策略：

a——两个师的军力攻击甲据点；

b——一个师攻击甲据点，另一个师攻击乙据点；

c——两个师的军力攻击乙据点。

蓝方为什么要攻击红方的据点呢？很显然是要取得胜利，当然也可能攻之不克而失败，这是蓝方可能得到的利益或者损失，这自然也是博弈对局的结果。我们通常称之为**支付**（Payoff）。注意，这个支付并不是说花去的成本，而是获取的收益或者遭受的损失。通常，我们用支付来表示在一个特定的策略组合下参与者能得到的确定的效用，显然它是博弈策略组合的函数。

我们还是以前面所谈到的矩形图来分析红蓝双方的博弈结果。这样每个方格的左下方的数字就代表了蓝方发起军事攻击的博弈所得，每个方格的右上方的数字就代表了红方展开防御的博弈所得。并且红方有 4 种可选攻击方案，蓝方有 3 种可选防御方案，4 乘以 3 则一共就是 12 种可能的组合。

我们知道，战争是很难估算胜负的支付到底是多少的，为了简单起见，在这个博弈中，我们假设胜利的一方就会获得 5 单位支付，而失败的一方则会获得 –10 单位的支付。为什么加起来小于 0 呢？这是因为战争是**负和博弈**，是一种两败俱伤的博弈，即不管双方胜负如何，双方都有不同程度的损失，结果都会给世界带来损失。

假如蓝方采取 *a* 策略，红方此时采取 *A* 策略，那么蓝方以两个师的军力攻击甲据点，却遭遇到红方三个师驻守军力的防御，结果毫无疑问就是蓝方失败。此时红方获得 5 单位的支付,蓝方有 –10 单位的支付。假如蓝方采取 a 策略,红方此时采取 B 策略,那么蓝方以两个师的军力攻击甲据点,遭遇到红方两个师驻守军力的防御,结果也是蓝方失败,而红方获胜。如果蓝方采取 a 策略,红方此时采取 C 策略,则蓝方以两个师的军力攻击甲据点,因为只遭遇到一个师的抵抗,从而可以占领这个据点,那么蓝方获胜,红方失败。如果蓝方采取 a 策略,红方此时采取 D 策略,则蓝方以两个师的军力攻击红方无人驻守的甲据点,从而可以轻松占领这个据点,那么蓝方获胜,红方失败。以此类推,我们可以得到攻防作业博弈,如图 1-2 所示。

		红方			
		A	B	C	D
蓝方	a	5 / -10	5 / -10	-10 / 5	-10 / 5
	b	-10 / 5	5 / -10	5 / -10	-10 / 5
	c	-10 / 5	-10 / 5	5 / -10	5 / -10

图1-2 攻防作业博弈

也许一开始,我们就告诉你这么复杂的分析图会让你感觉有些难以接受,但是或许这也是快速理解博弈问题的最好方法——在压力中更容易接受新事物。好了,当你完成了这个图的时候,你可能会发现在这12 种策略中,其实蓝方获胜的概率还是 50% 呢,因为有 6 次可以攻破红方的据点而占领该座要塞。所以,你这个司令先不能着急或者气馁,要遇事沉稳,善于分析,起码有"一半对一半"的胜算。

在进行博弈中,所有的参与者是依据什么做出自己的决策的呢?那就是**信息**(Information),是参与者在博弈过程中能了解和观察到的知识。

在上面这个攻防作业博弈的例子中，因为双方同时出招，红方和蓝方无法相互沟通信息，他们知道双方的兵力总和，知道有几种可选的决策，只是不知道对方会选择哪一种方案。信息对参与者至关重要，每一个参与者在每一次进行决策之前必须根据观察到的其他参与者的行动和了解到的有关情况作出自己的最佳选择。在博弈论中，我们有完全信息和不完全信息。**完全信息**是指所有参与者各自选择行动的不同组合所决定的收益对所有参与者来说是共同知识。当然，事情并非都是这样，博弈过程中的信息有时也是隐秘的，各方之间的信息是不完全对等的，这就是**不完全信息**了。博弈论里所说的"**共同知识（Common Knowledge）**"，指的是所有博弈参与者都知道，而且所有参与者都知道所有参与者知道这些信息，有点绕口，说简单点就是，对于博弈中的信息，你知道，我知道，你知道我知道，我也知道你知道。当然，这是一个很强的假设，在现实中，即使所有参与者都可以共同享有这些信息，但是每个参与者也许不知道其他参与者知道这些信息，或者并不知道其他参与者知道自己拥有这些信息。这也是博弈论的魅力所在，当然也是我们在进行各种决策时需要考虑的问题。

除了以上谈到的四个要素之外，博弈论中还有一个最为关键的问题，就是博弈均衡与博弈结果。博弈的结果是所有参与者感兴趣的东西，之所以参与博弈，就是为了获得对自己有利的结果。当然这个结果取决于双方所选取的策略，取决于博弈实现的均衡。关于这个问题，我们稍后放在"博弈与信息"中去谈。

﹕﹕﹕ 博弈树

前面，我们利用分析矩阵图，也就是博弈矩阵，分析了博弈的基本问题。这种表达方式简洁明了，可以在一个矩阵图中表述两个参与者的行为策略及其博弈结果。这要感谢托马斯·谢林（Thomas C. Schelling）教授，是他带给我们这个分析工具的。

其实，这种表达形式所反映的是同时发生的博弈策略行动，也就是说博弈双方的互动是**同时发生**的，是一种静态的博弈。不论是"田忌赛马"还是"攻防作业"，在选定了执行策略后，参与者同时出招，完全不去理会对方刚刚走了哪一步。当然每个参与者都要心中有数，知道这个游戏中存在对手，而对手也清楚这一点。但是现实中的博弈并不都是同时发生的，很多博弈行为是**相继发生**的，这就是所说的轮流出招。我们称之为序贯博弈，这是一种动态的博弈，就是指参与者选择策略有时间先后的博弈形式，每次博弈结构不同而连续多次。

在含有序贯特征的博弈中，用矩阵形式来描述博弈进程就显得不太恰当了，而"博弈树"则为我们提供了很好的分析思路。我们在树枝的地方画上一个小圆点（熟悉了以后我们也可以不画这个点），表示**决策结**（Decision Nodes），位于决策结旁边的字母或者文字代表在这个决策结处进行行动选择的局中人，该局中人在此决策结处进行行动选择。图中的线段被称为"**枝**"（Branches），一个枝表示位于该枝上端决策结处的局中人在该决策结可能选择的一个"行动"，我们会用文字或者字母来说明。最下方枝的下端被称为**终点结**（Terminal Nodes），当博弈进行到任一终点结时，博弈过程就宣告结束。以后，我们会在终点结处表示出来博弈进行到此处而结束博弈时局中人的支付。

在这样的策略相继发生的博弈中，局中人在博弈开始之前会制订出一个"相机行动计划"，它表明"如果……发生，我将选择……。"下面我们来举个例子，在我国对外政治军事战略中，有一句掷地有声的话："人不犯我，我不犯人；人若犯我，我必犯人"。这句话实质上就规定了我国在什么情形下不会侵犯他国和什么情形下要侵犯或回击他国的行动选择。

假设发生战争，参加战斗的一方会支出战争成本，若是没遇到抵抗，挑起战争的一方可以从对方收获额外的收益，但若是遇到抵抗，则主动侵略的一方会再花去额外的战争成本，也不会获得额外收益。那么我们利用博弈树来分析这个博弈，以下数字为假设。下面图 1-3 所示的博弈树可以说明这个过程，其中括号内的第一个数字表示他国的支付，第二个数字表示我国的支付，记为（他国，我国）。

图1-3　我国对外军事策略博弈

当他国侵犯我国时，如果我国不采取任何反侵犯措施，那么他国就会从侵犯我国的行动中受益，获得 6 单位的收益，而我国虽然没有花费直接的战争支出，但是会因战争损失发展的成果，最终获得 2 单位的收益。当他国侵犯我国时，如果我国会选择"以牙还牙"地予以回击来犯国，则他国因为战争的消耗以及受到的阻击而假设获得 -1 单位的收益，而我国因为鼓舞了士气且抵御住了侵略，假设可以获得 3 单位的收益。那么，因为 3 大于 2，所以如果他国侵犯我国时，我国最好的策略就是予以回击。

当他国不侵犯我国时，如果我国首先挑起战争去侵犯他国，那么我国可能会获得一些收益，但是毕竟失去国际信誉，最终能够获得 4 单位的收益。当他国不侵犯我国时，我国也不去侵犯他国时，那么我们各自获得 5 单位的收益。因为 5 大于 4，所以当他国不侵犯我国时，我国就不会侵犯他国。

同时，作为理性的政治主体，他国知道我国在遭受到侵犯的情况下必然会采取还击的策略，那么它只能获得 −1 单位的收益，这要小于它不侵犯我国时所获得的 5 单位的收益。所以，对他国而言，最好的办法也是不主动侵犯我国。

有了这个对外交往或者军事政策主张，其他国家一般就不会侵犯我们，因为他们知道如果他们入侵我国，我们就会选择防卫或者反侵略，就会遭到坚决的回击。20 世纪上半期军阀政府及蒋介石政府对外政策的暧昧就最终带来了日本对我国的大肆侵略。

⋰⋰⋰ 博弈与信息

前文中，我们在解释博弈的矩阵分析和博弈树时，就说到了如果按照博弈参与人的行动是否同步来区分，博弈就有静态的博弈和动态的博弈之分。严格一点讲，**静态博弈**是指博弈中参与者同时采取行动，或者尽管参与者采取的行动有先后顺序，但后行动的人并不知道先采取行动的人采取的是什么行动。**动态博弈**指的是参与人的行动有先有后，而且后选择行动的一方可以看到先采取行动的人所选择的行动。前面我们说的序贯博弈，就是动态博弈的一种。以后我们再具体去谈这些博弈在决策中的应用。现在我们想一下，前面在博弈的要素中谈到的参与者所掌握的信息对博弈行为会有什么影响呢？

根据我们的分析，博弈可以依据行动顺序和信息结构来划分，前者有静态博弈和动态博弈，后者有完全信息博弈和不完全信息博弈。

如果我们将这两个结合起来，那么 2 乘以 2 就应该有 4 个类型的博弈，如表 1-1 所示。

表1-1　博弈的分类

行动顺序 信息结构	静态	动态
完全信息	完全信息静态博弈	完全信息动态博弈
不完全信息	不完全信息静态博弈	不完全信息动态博弈

好了，我们在这里不去讲解这些复杂的学术性概念，尤其是它们所蕴含的数学问题，今后也不打算讲，而且也不会按照这个逻辑，从完全信息静态博弈、不完全信息静态博弈到完全信息动态博弈、不完全信息动态博弈这样一步一步地给大家作介绍。本书会按照既定的思路，利用大量鲜活的事例，力求让大家明白博弈论的理念和方法在日常的决策中是如何运用的。对于在博弈过程中涉及的一些必要的概念和方法，我们会在以后章节根据需要逐步进行解释。现在还是先来看一个经典的例子，请读者朋友们不要抱怨"既然是经典的例子，为何现在才开始讲？"至于其中原因，稍后你就会知道了。

话说，张三和李四，平时游手好闲，无事可做，日子过得自然也就很紧张。有一天，两个人遇到一起，谋划着偷盗几次，也就不愁吃喝了，两个人一拍即合。经过几番成功得手之后，这一天两个人又来到了一座民宅，用准备齐全的工具弄开房门进入房间。谁知道啊，这时报警器铃声大作，而且大门也自动关闭了，任凭他们怎么捣鼓也打不开门和窗户。原来这家主人专门安装了精良的防盗装置。结果可想而知，两个人被警察抓住。

此时的警方正在发愁前几次偷窃案件的主犯还没有找到，所以希望从张三和李四身上找到突破口。警方将两人分别置于不同的两个挂着"坦白从宽，抗拒从严"八个大字的房间内进行审讯，对每一个犯罪嫌疑人，警方给出的政策是：如果两个人都供认了前几次偷窃的事实并交出赃物，那么每人都会获得宽大处理而获刑 3 年；如果两个人都拒不承认前几次偷窃的事实，由于证据不足但有本次私闯民宅的现形而获刑 1 年；如果两个人中有一个犯罪嫌疑人坦白了罪行，供认了前几次偷窃的事实、交出赃物，并愿意做污点证人，则他会因为坦白而获得无罪释放，而抵赖者则会被判入狱 5 年。

这个博弈故事有一个大名鼎鼎的名字：囚徒困境。在 1950 年，普林斯顿大学数学教授阿尔伯特·塔克（Albert W. Tucker）给一些心理学家作讲演时，为了避免使用繁杂的数学手段而能更加形象地说明博弈的过程，第一次提出了这个模型。从此以后，这个故事名声大噪，成为博弈论的经典。图 1-4 给出了这个博弈的支付矩阵。

		李四	
		坦白	抵赖
张三	坦白	-3 / -3	-5 / 0
	抵赖	0 / -5	-1 / -1

图1-4　囚徒困境博弈

我们来看看这个博弈可预测的结果是什么。这里，我们先介绍一下什么叫做均衡。一般意义上，均衡就是平衡的意思。在经济学中，均衡意味着相关变量处于稳定值，比如价格均衡、消费者均衡等。在博弈论里，**博弈均衡**是所有参与者的最优策略的组合。对任何一个参与者而言，他的策略选择通常会依赖于其他参与者的策略选择。一旦达到博弈均衡，所有参与者都不想改变自己的策略，这就形成一种相对静止的状态，实质上是由动态的竞争到相对静态的合作的一个变动过程。

对张三来说，尽管他不知道李四作何选择，但是在警察告知的政策下，他知道无论李四选择什么，他选择"坦白"总是最优的。因为，张三会这么想：假如李四选择坦白，对张三而言，选择坦白时被判 3 年，而选择抵赖时则会被判 5 年，那么他一定会更愿意选择坦白；假如李四选择抵赖，对张三而言，选择坦白时被无罪释放，而选择抵赖时则会被判 1 年，那么他一定会更愿意选择坦白。当然，李四也不知道张三到底会怎么做，所以李四也有和张三一样的想法。那么根据对称性，显然李四也会选择坦白。如此一来，这个博弈的结果就是（坦白，坦白），两人都被判刑 3 年。

你会奇怪，为什么他们不选择（抵赖，抵赖）呢？对于两人整体的刑期而言，显然（抵赖，抵赖）其实是比（坦白，坦白）更优的策略，倘若他们都选择"抵赖"，每人只被判刑 1 年。

这个囚徒博弈实际上就反映了一个很深刻的问题：个人理性和集体理性之间的矛盾。也就是说参与者之间会不会合作的问题。正是由于参与者都是理性的经济人，都是理性而自私的主儿，所以，双方都会站在自己的立场上寻求对自己最好的结果。这就决定了（抵赖，抵赖）这个帕累托改进是做不到的。所以这个博弈就是参与者不合作的博弈。这里我解释一下什么是帕累托改进，它是指一项政策能够至少有利于一个人，而不会对任何其他人造成损害。由于张三和李四都要保证选出来的策略不能使自己成为"受害者"，即使其中一个背叛了对方，目的也是为了不"吃亏"。在这里，参与者"趋利避害"的天性显露得淋漓尽致。

你可能会想，如果张三和李四之间在每次行窃之前都制定一个攻守同盟，他们都约定不论如何都死不承认、抵赖到底，结果不就可以了吗？其实不然，因为这个所谓的同盟不会起到实质效果，没有谁会有积极性遵守这个协议。因为张三并不能保证李四一定会在审判时想到这个同盟协议并且严格遵守，而李四也并不能保证张三一定会在审判时想到这个同盟协议并且严格遵守。所以这个结果还是不会改变。

诸位一定看过一些黑社会性质的电影，假如在上述囚徒困境中，两个犯罪嫌疑人的地位并不一样，现在张三是黑社会老大，另外一个李四是其手下，而这个组织有严密的行为纪律和惩罚制度，比如出卖"朋友"者的家庭会被组织下黑手而遭到最严厉的报复，那么这个博弈结果还会是这样吗？也许此时的结果就是张三坦白而李四抵赖，最终使得张三被释放而李四入狱5年。

再假如二者不是被隔离审查，而是被放在一个审讯房里，那么结果是否会发生变化呢？如果警方给出的惩罚措施不是这样，而是如果某个人坦白的话则证据确凿给予其15年的监禁，其他不变，请问这个博弈结果又会是双方都坦白吗？此时就会变成双方都矢口否认了吧。至此，我们不免要赞叹警察的智慧了，他们能够想到可能的问题，通过对审讯方式和"从宽"机制的设置而杜绝了犯罪嫌疑人之间可能的"合作"。

所以，这个问题的实质是参与者是否会进行合作。从这个角度来看，博弈可分为合作性博弈和非合作性博弈。如果参与者从自己的利益出发与其他参与者谈判达成一种有约束力的协议或形成联盟，参与各方都在协议范围内行动，这就是一种合作博弈。如果参与者之间不可能或者根本没办法达成具有约束力的协议，不能在一个统一的框架下采取行动的话，这种博弈类型就是**非合作博弈**，看起来有互不相容味道的情形。现在你明白我们为什么放在这里向你介绍这样一个经典的例子了吧？就是为了向你解释合作与不合作的问题，从而引出我们本书所要分析的重点，也可以说是本书的基本思路，即在非合作性博弈中如何有效决策问题，那些水到渠成的合作事情我们就不需要非常关注了。

囚徒困境博弈在经济学、社会学、政治学等诸多领域都有着广泛的应用，比如价格竞争、寡头垄断、公共品供给、环境保护、军事竞赛等问题。这里，我们不对其详细地阐述和分析，在接下来的一章里，将会告诉大家如何利用该博弈分析若干现实的问题，也会告诉大家如果遭遇了这类问题，我们又该如何走出"囚徒困境"。

⋰⋰ 寻找优势策略

作为本书的第 1 章，尽管我们不打算把复杂的满带着数理公式和数学符号的博弈论知识告诉大家，但还是要把基本的分析思路理清出来。为此，在前面的基础上，我们来看一下参与者如何寻求对自己有利的博弈策略。

为了找到比较好的策略，我们也要找到那些劣势的策略。我们说**劣势策略**，是相对于优势策略而言的，就是在某个博弈中，某个策略带来的可能结局是比较糟糕的，或者说获得的支付是比较差的。我们说**优势策略**也不一定就是指绝对的优势策略，也可能是在某些情况下相对的优势策略。为了简单清晰起见，可以先回过头从囚徒博弈开始分析。

我们再明确一下，方格右上方的数据是李四的支付，左下方的数据是张三的支付。对于张三而言，不论李四选择什么策略，他选择抵赖都会比选择坦白受到的损失更大，因为判 5 年要比判 3 年差，判 1 年要比无罪释放差。我们用一条横的虚线将张三"抵赖"这个明显处于劣势的策略划去，见下面的图 1-5 所示。而对于李四而言，不论张三选择什么策略，他选择抵赖都会比选择坦白受到的损失更大，同样也是因为判 5 年要比判 3 年差，判 1 年要比无罪释放差。我们再用一条竖的虚线将李四"抵赖"这个明显处于劣势的策略划去。也就是说，"抵赖"对这两个犯罪嫌疑人而言就是严格的劣势策略，而"坦白"则是严格的优势策略。而理性的人怎么会选择对自己明显不利的策略呢？

	李四	
	坦白	抵赖
张三 坦白	-3 -3	-3 -5 0
抵赖	0 -5	-1 -1

图1-5　囚徒困境博弈的剔除劣势策略

　　所以，该博弈的结果其实已经就在规则设定时就给出了答案：两个犯罪嫌疑人都会招供，这也是这种审讯规则设计的高明之处。为了规范起见，我们说（坦白，坦白）是一个占优策略均衡。前面谈到了，所谓博弈均衡就是说此时博弈双方对峙的局面比较稳定。而（抵赖，抵赖）虽然是一个可能的最好的策略，但是却不稳定，无法实现博弈均衡。通过这个博弈，你就应该明白：现实博弈中的最好结果不一定发生，能实现的结果也不一定是最好的；最好的策略不一定是均衡策略，均衡策略也不一定是最好的。但是站在参与者的角度来看，均衡策略一定是他对对手所选择的策略而作出的最好的反应。

　　这个博弈也许太简单了，我们用两条虚线横竖一划，结果就出来了，那咱们接下来看一个稍微复杂点儿的例子。假如有两个企业，一个叫颐晨，一个叫华乐，他们都生产功能相似的产品，不妨设为洗发水。现在的问题是，颐晨拥有三种配方 L、M、R，华乐有两种配方 U、D，而由于消费者对这些配方制成的产品的喜好程度不同，在市场上销售获得的收益也不同。考虑到生产的成本问题以及可能的市场容纳问题，我们不妨将这两个企业的生产博弈表示为图 1-6。

图1-6 华乐和颐晨的生产博弈的剔除劣势策略

在这个博弈的分析图中，我们发现，华乐不论如何选择都没有绝对的优势策略。因为当颐晨选择 L 和 M 时，华乐选择 U 策略会得到 1 单位的支付，选择 U 就是最优的；但是如果颐晨选择 R 时，华乐选择 U 策略反而会得到 0 单位的支付，此时选择 D 就是最优的。但是我们看看颐晨，对于该公司而言，虽然可能获得的支付各不相同，但是当颐晨选择 M 策略时所获得的支付显然要比选择 R 策略时的支付要大，因为 2 大于 1，1 大于 0。那么，作为一个理性的经济人（当然是其管理者），颐晨就不会选择 R 策略。我们可以用一条竖的虚线将它剔除。在剩下的博弈策略组合中，我们可以很清楚地看到，华乐不会选择 D 策略，因为这对它而言是一个新的明显的劣势策略，我们不妨再用一条横的虚线将其剔除。此时，我们得到了一个更加简单的博弈，只有一行二列。其中，对于颐晨而言，M 策略就严格优于 L 策略，也就是说，理性的颐晨将会把 L 策略剔除。博弈至此就得到了一个均衡的结果 (U, M)，即颐晨采用 M 配方生产其洗发水，华乐用 U 配方生产其洗发水，两个企业分别得到 1 个和 2 个单位的收益。

在上述博弈中，华乐并没有严格的优势策略，但是它如果知道颐晨是理性的，就会知道颐晨不会选择 R 策略；而颐晨如果也知道华乐是理性的，就会知道华乐不会选择 D 策略；如果华乐知道颐晨知道华乐是理性的，那么华乐就会知道颐晨不会选择 L 策略；最终在双方都是理性的情况下，博弈最终趋于均衡结果 (U, M)。

现在你看出来了，在囚徒困境中，我们用两步剔除可以找到最优的博弈策略，而在上述华乐和颐晨的产品博弈中，我们要用三步剔除才可以找到最优的博弈策略。显然，博弈参与者的策略空间越大，可选择的策略越多，需要剔除的步骤就越多，当然对于信息的要求也就越严格。我们寻找稳定的优势策略就越困难。

⋘ 小结

本章已经告诉你了，博弈论到底是什么。一个完整的博弈，都应该有一组参与者存在，而参与者们面对着完全的或者不完全的信息，他们都有自己可选择的行动策略，这些行动策略会为他们带来可能的支付。当然，博弈的参与者可能在全然不知道对方所用策略的情况下作出自己的策略选择，也可能在掌握了对方采取的行动后再选择相应的策略。这是两个不同的策略决定方式，但是不管如何，我们都认为博弈的参与者都是理性的经济人，他们会寻找对自己最有利的行为策略。

⋘ 基础练习

一、根据以下材料，回答问题。

A、B 两企业利用广告进行竞争。若 A、B 两企业都做广告，在未来销售中，A 企业可以获得 20 万元利润，B 企业可获得 8 万元利润；若 A 企业做广告，B 企业不做广告，A 企业可获得 25 万元利润，B 企业可获得 2 万元利润；若 A 企业不做广告，B 企业做广告，A 企业可获得 10 万元利润，B 企业可获得 12 万元利润；若 A、B 两企业都不做广告，A 企业可获得 30 万元利润，B 企业可获得 6 万元利润。

（1）画出 A、B 两企业的损益矩阵。

（2）求出两家企业的博弈结果。

二、请用剔除劣势策略的方法寻找以下博弈的最优策略。

（1）写出剔除的步骤或顺序。

（2）画出相应的剔除线。

（3）给出最优的博弈结果。

		百事可乐	
		低价	高价
可口可乐	低价	3　　3	1　　6
	高价	6　　1	5　　5

图1-7　可口可乐与百事可乐的博弈

		员工乙		
		L	M	R
员工甲	U	1　　1	2　　2	1　　0
	C	3　　0	1　　0	0　　2
	D	2　　0	3　　1	0　　1

图1-8　员工甲与员工乙的博弈

第2章

囚徒困境：个体理性的决策缺憾

使得理性参与者保守在均衡路径的是，他对于自己偏离均衡的后果之考量。然而，假若他背离均衡路径，他就是在非理性地行动。其他参与者在谋划对背离均衡行为的反应时若不把这一非理性迹象纳入考虑，那也就太蠢了。

——肯·宾默尔（Ken Binmore）

接着上一章中谈到的囚徒困境，本章要向各位展示我们在试图合作中可能遇到的诸多困境，这些困境或许是各位在日后生活和工作中可能会遇到的困境，都会为我们的决策带来一系列思考。因为前面我们已经说了，囚徒困境的内涵是：合作可以产生最佳的结果，是集体理性的，但是不合作却是基于个体理性的。

下面我们先从一个例子开始。博士毕业后的第一年，我受邀到一家国有大型企业给40名中层干部做培训，培训的主题就是有关理性决策的内容。为了互动课堂和活跃气氛，我在上课开始时取出一个信封，告诉他们，我们先来做一个有关理性决策的游戏。就是请在座的40位中层干部各自拿出一些钱放在这个信封里，当然大家要悄悄地放进去，不能说放了多少，也不能看别人放了多少，总之只自己放自己的就是了。最后，如果这个信封里的钱超过了250元，我就愿意做一个二百五，自掏腰包，返还每个人10元钱；但是如果这个信封里的钱最后没有达到250元，那么只有请在座的各位做一回二百五，信封里的钱就归我了，在座的各位不会得到一分钱。至于为何说到二百五这个词呢，那是因为决策不够理性呗，就不多解释了。

看得出来大家的兴趣很高，游戏就这样开始了，我还听到有人说"我把吃早餐找的零钱都塞进去了"。然后，我把装满钱的信封在大家的注视下放到了培训教室墙角的电视机上，确保没人可以私自挪动它。然后我开始了本次培训的课程。

第三节课，我随机请了这个培训班中的一位学员上来继续我们的游戏，在大家期待的目光下，他把信封取了下来，然后开始清点钞票。结果出来了：240元钱，仅仅比250元少了10元钱。这时候，在座的中层干部们热闹了起来：怎么可能啊？怎么就差这么一点呢？谁那么小气，不能多放一点啊？……甚至还开玩笑地说肯定是某某放少了或者没放钱。但是不管如何，大家都不愿意接受这个事实。

我问他们，为了保证能够让信封里超过250元，每个人应该放多少？很多人几乎是异口同声地说六块两毛五。显然，他们之前是计算过的：250/40=6.25嘛。我说，那好，也许有人以为这是闹着玩，也许有人是凑热闹，当然也会有人放得少，考虑到这种情况，我们不妨把这个数字提高一点儿，每人要是平均放进去7块钱的话，就肯定超过了250元，这样的话，他们平均还可以从我这里赚回去3元。可遗憾的是，这个结果并没有出现。

我问他们："游戏结束了，但是我们要来找找这是什么原因。实事求是地说，你们中间放了超过10元的请举手。"没有一个人举手。我再问："那么放了超过7元的请举手。"依然没有人举手。问题似乎清晰了许多。

在这个游戏里，大家显然都计算过该放进去多少钱。每个人都会想到，如果他放进去6.25元，甚至更多点，那样就可能得到10元钱。但是每个人都不可能放进去超过10元钱，因为那样的话，没有任何额外的回报，因为我只能返给他们10元钱。那么他们为何不放进去多于6.25元钱呢？他们会想：如果别人放进去的很少，那么我放进去多一点的话，就只有吃亏，我为什么要奉献呢？反过来，如果别人多放一点，那么我少放一点又何妨呢？这样反而会让自己多赚一点钱。退一万步讲，即使大家都放的不多，那么大家都拿不回来这笔钱，相比而言，我也不会感觉吃亏嘛。所以，每个人的优势策略就是尽可能少放一点钱，甚至是不要放一分进去。结果可想而知，大家都看到了。

好了，我们正式开始关于本章的阅读吧。不过我要先提醒各位，以下内容是关于"囚徒困境"在具体环境下的呈现，看似一个个孤立的故事或者案例，但是其内在的逻辑是一致的，那就是在不同环境下的基于个人理性的决策和基于集体理性的合作之间的冲突，以及如何走出或者说是破解这个困境。

◦◦◦◦ 价格联盟

经济学的鼻祖亚当·斯密（Adam Smith）曾经说过：只要是同一行业的人在一起聚会，即使只是娱乐和消遣，聚会也是以反对公众的阴谋或某种提高价格的计谋而结束。这非常深刻地道出了厂商或生产者的趋利姿态。时至今日，价格联盟一词对于我们而言并不陌生了。早在 1960 年 9 月，为了联合起来共同对付西方石油公司，维护石油收入，伊朗、伊拉克、科威特、沙特阿拉伯和委内瑞拉成立了石油输出国组织（OPEC，欧佩克），通过联合限产来提高石油价格，从而提高成员国的利润。这便是最著名的国际市场上的价格联盟卡特尔（Cartel）[①]。尽管欧佩克每年都在风景秀丽的日内瓦、维也纳等地开会制订限产计划，并在争吵中达成协议，但是实际上各成员国并不想执行。事实上，截至目前而言，在人类社会的经济活动中，除了欧佩克一度比较成功以外，卡特尔成功的例子实在很少。欧佩克之所以比较成功，很大的原因在于它的最大成员国沙特阿拉伯"自律"较严，对于一些小的石油国家的违约行为不那么斤斤计较，显示出了自己的大度，也正因为这样，才使得欧佩克在磕磕绊绊中还算比较成功地走到了今天。这是后话了，我们在这里先不多说。

[①] 卡特尔（Cartel）由一系列生产类似产品的独立企业所构成的组织，集体行动的生产者，目的是提高该类产品价格和控制其产量。这是一种串谋行为，它旨在使一个竞争性的市场变成一个垄断市场，属于寡头市场的一个特例。

欧佩克离我们太远，我们还是来分析一下彩电峰会吧，其中的道理是一样的，只是欧佩克的年纪比较大，而且现在看起来也有长寿的可能而已。

2000年6月9日，以康佳为首的当时国内九家彩电生产企业（还有TCL、创维、乐华、海信、熊猫、厦华、西湖、金星）联合发起了彩电峰会，结盟深圳，名义上"探讨中国彩电业发展大计，从竞争走向竞争合作"，实质上"以同行议价形式共同提高彩电零售价格，并迫使彩管供应商降价"。以此为发端，随后陆续上演了钢铁联盟、空调联盟、民航机票价格联盟、电脑价格联盟，近来还有一些券商们的佣金价格联盟等等，一时间价格联盟甚嚣尘上。然而，值得思考的是，尽管这些价格联盟拼命维持小集团的利益，而最后都无一例外地逃不掉土崩瓦解的命运。

假设只有两个厂商瓜分中国的彩电市场，不妨说他们就是 K 和 T，如果他们不进行任何合谋，各自按最低成本时的产量进行生产，各自生产500万台彩电，成本为每台1 800元。此时市场上供给量为1 000万台彩电，价格为1 800元，K 和 T 的超额利润[①]都为0。假如这个时候他们能达成价格合谋，两家都限定在各自300万台的产量上，成本则每台2 500元。市场供给量可以减少到600万台，而需求没有变化，价格变为3 000元每台。这样每家可以获得超额利润15亿元。很显然这种价格联盟是有利可图的。

---

① 超额利润，也称为经济利润（Economic Profit），是企业利润中超过正常利润的那部分利润，即厂商的收益与其成本之差，后者包括从最有利的另外一种厂商资源的使用中可以获得的收益。

但是假如有一方违约，情况会如何呢？假如 T 违约，私下生产500万台彩电，其成本为1 800元；而 K 遵照约定生产300万台，成本为2 500元，市场总供给为800万台彩电，价格约为2 250元。此时，T 由于违约会带来22.5（500万×（2 250−1 800））亿元的超额利润，而 K 因为守约而遭受7.5（300万 × （2 250−2 500））亿元的损失。

这个博弈可以描述为图2-1所示的矩阵。此时，对于 K 而言，T

选择守约时，K 会选择违约，因为此时可以获得 22.5 亿元的超额利润，显然大于守约时的 15 亿元。而如果 T 选择违约时，K 会选择违约，因为此时虽然不能获得超额利润，但是也不至于亏损，但要是守约呢，则要亏损 7.5 亿元。这个过程对于 T 而言，也是一样。这 K 和 T 两家企业都假装着遵守协议，然后期望在对方高价时悄悄地制定低价，以夺取市场。结果呢，两家生产彩电的企业都会在最优化自身利益的驱使下，无一例外地都会选择违约，这样一来，K 和 T 的价格联盟就以失败告终。

		T	
		守约	违约
K	守约	15 15	22.5 -7.5
	违约	-7.5 22.5	0 0

图2-1　彩电价格联盟的博弈

如果这里有九家彩电企业，这就是所谓的"彩电峰会"了。一方面，企业多了，谈判成本加大，难以达成一致意见；另一方面，即使违约了，其他成员企业也很难对其进行有效惩罚。因此他们都面临着守约还是违约的选择。事实上，九个企业的决策过程和上述两个企业是一样的。所以，彩电峰会结束以后的短短几天之内，各地市场上彩电价格普遍不涨反跌。虽然此后连续召开两次峰会，表示要继续维持前两次会议的限价，但是各地彩电仍然普遍是低于限价销售。

理性告诉我们：一方面，随着彩电技术水平的提高以及生产规模的扩大，成本不断下降，彩电的市场价格将呈现出逐级下滑的趋势，而这正是彩电市场趋向成熟的表现。任何违背市场规律的行为终将导致失败；另一方面，决定价格的基本因素是供求关系，在供小于求的情况下，不需要价格联盟，都会是价格上升，但在供大于求的情况下，任何价格合谋或者联盟都不会长期维持高价，更何况，如果只在协议中规定各方要共同遵守，并不规定对违约者的惩罚措施，这样的联盟就会不攻自破。当然，一方面，价格联盟本身也不具有任何法律效力，即使对方不遵守你们达成的协议，你也无法请求损害赔偿。另一方面，这种联盟有制造垄断的目的，通过操纵市场哄抬价格是违法的行为，违反了公平交易法，这必然会引起政府对当事企业的惩罚。

理论上讲，几乎所有的基于利益合作的同盟都会遭到失败，原因就在于他们类似于囚徒的攻守同盟协定没有成员有兴趣遵守。但是，这是不是就意味着不可能有成功的合作了？实际上，如果是一次性博弈的话，基于个人利益最大化，当事人之间只会有相互背叛的可能。但是，如果这个博弈不是一次性的，而是多次博弈，重复的博弈，那么人们就有了合作的可能性，"囚徒困境"也就有可能破解，合作就有可能达成。也就是说，一个一次性的博弈是没有办法令双方达成互惠合作的，只有在一种持续的关系中才能够体现惩罚的力度，并因此成为合作的激励。如果在一项长期的联盟中，人为地背叛带来的合作破裂就会势必受到报复，也会付出代价，而且这一次背叛的代价会在日后以利润损失的形式出现。所以假如这个代价足够大，背叛就会受阻，合作就会得以继续。我们在后面的第 7 章里会谈到这一点。

但是我们要注意，企业间面临着价格竞争时，毕竟对消费者而言，是一件好事，它们的激烈竞争带来了消费者的剩余。然而，有些时候，政府原本出发点好的法律规定却很可能带来相反的一面，比如下面说的"禁烟广告"。

当前，在世界范围内"禁烟运动"的巨大声浪下，各国都通过了禁止在电视上做烟草广告的法律，在我国也是如此：先前的《广告法》等明确规定，禁止利用广播、电影、电视、报纸、期刊发布烟草广告或以文章的形式变相发布烟草广告；现在更是提出了自 2011 年 1 月起全面禁止烟草广告及相关的促销赞助活动（值得一提的是，我国许多烟草商依然通过含蓄的广告来宣扬烟草）。然而令许多人感到奇怪的是，这样背景下的财大气粗的烟草公司反应相当平静甚至没有任何声音传达出来，也没有动用其庞大的社会资源和影响力阻止这样的法律规定的实施。事实上，结果大相径庭，根据有关统计资料，尽管烟草广告禁播使烟草公司的销售量有所下滑，但是烟草公司的利润却提高了。

事实上，烟草行业和其他行业一样竞争激烈，为了争夺市场，各大烟草公司也必须做广告，这无疑降低了它们的利润。显然，如果烟草公司都不做广告，它们的利润要更高。可是，如果其中一家公司不去做广告，它的市场份额就会被其他公司抢走。这正是一个"囚徒困境"。在这种情况下，做广告就是优势策略。那么，在市场竞争态势下，靠烟草公司的自律联盟，能否达成都不做广告的协议呢？根据前述的博弈模型，这个结果显然不能实现，因为哪个公司遵守协议，就很可能因竞争对手的背叛而失去市场份额和盈利。

可是现在情况变了，烟草公司自己不能靠"禁做广告联盟"解决的事，让国家替它们做了。而且，根据"囚徒困境"的逻辑，自律的联盟必然会遭到成员的背叛而破裂，但是法律却不能背叛。这样一来，法律规定既起到了联盟协议的作用，又加上法律的强制性和政府的监督性，大家都不能做广告了。你说，烟草公司又何乐而不为呢？ 所以有时候，法律规定也会带来意想不到的一面。

❮❮❮ 公地悲剧

几年前，和世界上其他国家的影迷一样，我非常喜欢看《指环王》三部曲，所以也因此喜欢上了它们的拍摄背景基地——新西兰库克山。再后来，逐渐爱上了新西兰这个国家，申请国家留学基金项目时，我也毫不犹豫地选择了到新西兰去做访问学者。但是后来，就在我刚踏上新西兰的陌生国土时，这里的媒体却说"……田园风光正面临大面积的环境污染和破坏"。说起原因呢，竟是受到了日益增加的放牧密度过大的影响——奶牛养殖业的繁荣导致含氮化肥的施用日益增多，牲畜存栏数增加，灌溉面积扩大。所以，新西兰的许多江河湖泊将大受其害。时任新西兰议会环境委员会委员的摩根·威廉斯（Morgan Williams）说"我们的自然资源承受很大的压力，如果农牧民依然我行我素，那么他们不仅将引起其他出于健康和娱乐原因需要清洁水源的新西兰人的反对，而且还将使自己的产品进入海外市场的通路面临堵塞的风险。"

　　早在 1968 年，就有一位名叫加勒特·哈丁（Garrett Hardin）的美国学者看到了这类问题，并撰写了一篇题为《公地悲剧》的文章发表在《科学》杂志上。他的问题是这样的：有一块公共草场，居住着一些牧民，为了生计，他们只能一同在此放牧。有一个牧民明知草场上羊的数量已经太多了，但他还是很想再多养一只羊或者一头牛，因为这样也许可以增加个人收益，当然这样的后果就是将使草场的质量下降。那么该牧民将如何取舍呢？再如果每牧民都从自己的私利出发，毫无疑问，他们肯定会选择多养牛羊以获取收益，但是草场退化的代价也很显然会由大家负担。这种情况发生时，每一位牧民都如此思考时，哈丁担心的事情发生了：草场质量持续退化，直到大家都不能够在此放养牛羊，最终所有牧民也就一起破产而无法维持生计。这就是"公地悲剧"①。

---

① 公地悲剧（Tragedy of the Commons），也译为共同悲剧，其实就是"公有资源的灾难"，展现的是一幅私人利用免费午餐时的狼狈景象——无休止地掠夺。

　　现在，我们还是将这样的问题用博弈的形式表达出来吧。首先假设在一块草场上有两个家庭，分别是 A 和 B，他们共同享有这片草场并可以在草场上通过养羊谋取收益。实际上，他们在分别确定羊的饲养量过程，就是相互之间的一场博弈过程。A 和 B 两个家庭都有两个策略可选择，超额或限额。他们的博弈如图 2-2 所示。

		A	
		限额	超额
B	限额	10 10	20 5
	超额	5 20	3 3

图2-2 过度放牧的博弈

　　A 和 B 两个家庭都明白这块草场是两家的，如果没人协调也不可能划分出两小块让两家各自使用，那么谁都想从这块草场上多获取一些收益。为了方便，我们不妨假设这块草场根据以往的放牧情况看，可以支持 1 000 头牛的成长。两个家庭实力相当，如果都各自限额牧养 500 头牛，两家相安无事，都可以获得 10 万元的收益。但是总有一些私心在作怪，此时如果 A 家庭认为，他悄悄地多养一些牛而 B 没有发现且 B 也没有多养的话，这样一年下来，虽然草地质量下降了，牛群整体的成长质量（比如重量和肉质）下降了，但是自己牧养的数量多些，还是可以获得 20 万元的收益，而 B 则获得 5 万元的收益。想起来这些，A 家庭就有一种增加牧养数量的冲动。

　　但是此时的 B 家庭会干什么呢？其实他们都有自己的小算盘。A 家庭想到的事，B 家庭一样在盘算。B 家庭也知道，如果他悄悄地多养一些牛而 A 没有发现且 A 也没有多养的话，这样一年下来，他便可以获得 20 万元的收益，而 A 则获得 5 万元的收益。想起来这些，B 家庭也难免有一种增加牧养数量的冲动。

　　结果是，两个家庭都在年初悄悄地多（超额）投放了一些小牛，为了不至于太多而被对方看出来，不妨假设他们各自有 600 头，这样整个草地上就有 1 200 头牛了。也许谁都以为对方不知道，也许谁心里都明白，对方肯定也增加了牧养的数量，不管如何，原本可以支持 1 000 头牛的草场被 1 200 头牛来食用，结果，这些牛的成长都受到了影响，不管是身体重量还是肉质都大如从前，一年下来，两个家庭都各自获得了 3 万元的收益。此时此刻，两个家庭都在懊恼，悔不当初啊。但是这又能和谁说呢？

理论上讲，即使这块草场为公地，有 N 户牧民都可以在草场上自由地放牧，那么他们会从个人收益最大的原则出发，选择自己的饲养数，这时草场上牛的总数等于 N 户牧民饲养数目之和。如果草场上牛的总数不超过该草场最优的放牧限额，这里的牛都可以获得最好的成长质量，各家各户也会获得最好的收益。但是问题在于谁愿意规规矩矩地选择呢？谁又愿意自动地遵守这个限额呢？以上简单化了的两个家庭放牧的结果还是好的，如果 N 户牧民都这么干的话，结果只会是所有的牛都被饿死，这些家庭都会破产或者被迫迁移。"公地悲剧"是一个极具代表性的经济现象，类似的还有公海的过度捕捞、人类的过度捕猎等等。

其实，在我们的日常生活中，经常遇到这样的事：楼梯间的灯坏了，但是长时间没人修；小区里的路灯坏了，很长时间都在走夜路……也许有人说，这个很好办啊，给物业打个电话，他们就会来修了啊。没错，这也正是我们要谈的问题，现在假设没有物业的存在，情况是不是这样的呢？

假如小李住在某集体公寓的顶楼——八楼，小张住在七楼。这个公寓是单位的房改房，没有物业管理公司的进入，只是当初约定了所有住户自己负责楼梯卫生和照明。恰好有一天，七楼楼梯间的灯坏了。小张回家时都要用手机当作电筒用才能打开房门，小李回家时也要经过没有灯的七楼楼梯间，唯恐踩空了阶梯。事情持续了好几天，但是始终都没有人换上新的灯泡。为什么呢？

对小李和小张而言，一个住八楼一个住七楼，对于这个灯泡坏掉的问题，都有两种选择：换与不换。谁出钱换个灯泡，就花掉 4 个单位的成本，但是可以得到 3 个单位的好处，至少不用再黑灯瞎火地在楼梯间摸索了。如果两个人合伙更换灯泡，每个人支付 2 个单位的成本。这两个人的博弈就开始了，如图 2-3 所示。

		小张	
		换	不换
小李	换	1 1	3 -1
	不换	-1 3	0 0

图2-3 楼梯间换灯泡的博弈

如果小张和小李联合更换灯泡，两个人分摊成本，各自付出 2 单位，获得 3 单位好处，各自的净收益为 1 单位。如果小张和小李之间有一个人负责更换灯泡，行动的人支出 4 单位，获得 3 单位收益，净收益为 -1 单位；而坐享其成的一方可以不劳而获，获得 3 单位的净收益。对于这样的问题，小李或许会觉得：我住八楼，凭什么要更换你七楼的灯泡啊，这是你负责的楼梯间嘛，凭什么我替你做这样的事啊！小张或许会想：我住在七楼没错，但是他不走这个楼梯啊？我换了灯泡之后，凭什么让他白白地享受照明呢？反正我平时也不去八楼，而他要回家，就必须要经过七楼。这样的博弈之下，相信你通过分析已经知道了：他们都不会主动更换灯泡。

当然，你或许不以为然，会说：这样的小事，不就是一个灯泡嘛，谁换了都行，也就是几块钱的事，何必呢？再说了，邻里之间的和睦才是最值得提倡的，和谐社会嘛。退一万步讲，可以引进物业管理啊，这些事情可以让他们去做嘛。的确，你的说法是对的，但是这不属于这个博弈本身的范畴了，因为我们早就谈到了，博弈论中的当事人都是理性的经济人，恰恰相反，这正是如何对这类公共物品或准公共物品供给的一种社会治理机制。这里既充分体现出了个体理性和集体利益之间的冲突，也体现出了个体理性和决策收益的冲突。

　　我们还是来说一下公共物品。通常我们说，如果一件物品具有排他性和竞争性，这个物品就是私人物品。前者是指，这个商品你用了别人就不能再用；后者是指，这个商品你用了一件别人就会少用一件。那些与此对应的，具有非竞争性和非排他性特征的物品就是公共物品。这里面可以分为纯公共物品和准公共物品。前者有如国防、灯塔等，这些公共物品一般不能或不能有效通过市场机制由企业和个人来提供，主要由政府来提供。后者的范围十分广泛，包括那些存在我们生活中的大多数城市公用设施、公共教育和医疗保健服务等等，有如俱乐部物品、博物馆、图书馆、公园、有线电视频道和高速公路等。

　　对于消费者需求具有公共物品性质的产品或者服务，它们就不具有排他性的所有权，如我们前面谈到那块草场。每个牧民都追求自己的最大利益，都被锁定在一个迫使他在有限范围内无节制地增加牲畜的制度中，结果对公用草场的自由使用给所有人带来了毁灭。为了避免这样的结果，我们可以动用制度约束和道德约束来进行调节。

　　所谓制度约束，就是要建立相应的权力机构，无论这种权力机构是公共的还是私人的。这在经济学家的眼里，就是要建立明晰的产权制度。就像那块草场一样，政府有关部门可以根据有关规则，制定出明确的规章制度，明确划出若干小块，分别给相应的牧民自行管理，而不能越界放牧。这样一来，每个牧民都会在各自的小牧场中放养最优数量的牛羊，而不会过度的超额放养也就避免了公地悲剧的产生。

　　所谓道德约束，就是要建立起相应的基于社会道义的行为规范，让它们从人们的内心来调节自己的言行。比如七楼那个楼梯损坏的灯，不管是小张还是小李更换了，都只是付出了很小的成本，但是却可以让包括两个人家庭在内的许多人都可以享用，都可以从中得到好处，哪怕他没有为此贡献过一分钱。为了营造一个友好和睦的邻里关系，为了实现社会和谐，我们又何必如此斤斤计较呢？

　　当然，我们要认识到，随着社会经济的发展，结合我们的国情，我们需要政府规制和市场机制两者有机结合，才能更好地解决公共物品供给以及相关产业发展中的过度进入问题，大到比如环境污染问题、地球变暖问题、高速公路建设问题等，小到办公室茶水间的汤匙丢失问题、垃圾邮件问题、随意从网上下载资料问题等。即便是前面谈到的楼梯间换灯的问题，如果将公寓交由物业管理公司进行管理，或者是规定每一层楼梯间的照明必须由该层住户负责，否则就要受到惩罚，那么，这个问题就迎刃而解了。

⋮⋮⋮ 集体腐败

国际著名的反贪污腐败组织"透明国际"·在 2017 年 1 月初公布了"2016 年全球腐败印象指数"（Corruption Perceptions Index）的报告，评级以 0 表示最腐败，以 100 表示最清廉。在 176 个受评比的国家和地区中，排名榜首的新西兰与丹麦获得 90 分，芬兰以 89 分紧随其后，其他名列前 10 的还包括瑞典、瑞士、挪威、新加坡、荷兰、加拿大、德国，他们成了最清廉的国家。委内瑞拉、几内亚比绍、阿富汗、利比亚、苏丹、也门、叙利亚、朝鲜、南苏丹、索马里则成了腐败最严重的国家。该报告显示，包括滥用公共资源、行贿和闭门决策等形式的腐败仍在困扰许多国家。

腐败通常被定义为"为了私人利益滥用公共权力"。"私人利益"不仅包括接受金钱或者有价值的财产，还包括权力的增加和地位的上升。腐败的类型多种多样，我们不在此浪费笔墨，有兴趣的读者可以参考其他读物。但是有一点，随着社会经济的发展，单一个体腐败越来越受到来自国家的、法律的和社会舆论的压力，被人举报和被查处概率较高，以至于单一个体的腐败已经难以有生存的余地，促使着越来越多的腐败表现为集体腐败。

所谓集体腐败，通常也称为腐败窝案或共谋性腐败，指的是多名官员结成同盟、共同开展腐败行为的现象。他们以集体和组织的名义，积极利用手中的权力为圈内人牟取私利，从而大大降低了腐败者的心理成本。而且，一旦日后东窗事发，也可以集体决定为由推脱个人责任，从而大大降低了被惩处的概率。这是相对于个体腐败在更深层次上的腐败，近年来在我国有泛化的趋势，当然也对社会的危害更大，对执政党和政府威信损害更重。集体腐败的主要表现形式有：集体贪污、集体贿赂、集体谋私、公权滥用、福利性腐败、集体挥霍、"从众式"腐败①等。

下面我们用一个简单的博弈模型，分析一下集体腐败的产生，也以便从中发现如何遏制集体腐败。

假设在一个机关中，有两位掌握实权的官员（当然这是为了简化起见，事实上，一个机关中的事务分别由数位有权的官员掌控）甲和乙，他们和大多数公务员一样，每个月拿着 2 单位的工资薪金。但是正因为他们掌握着实权，经常找他们办事的个人或者企业很多，他们知道，如果接受贿赂的话，每个月平均会有 10 单位的收益。但是他们也知道，这种事情，不可能没人知道，特别是在同一个事务链条上的另外一个官员或多或少都会知道一些的。要是另外一个官员不接受贿赂而他自己接受了贿赂的话，那他就随时面临着被举报的危险，到时候很可能偷鸡不成反蚀一把米，腐败事实被揭发出去退回赃款不说，还要为此丢掉职位，我们假设这种情况的支付为 −2 单位。而另外一个官员因为没有接受贿赂而且揭发了受贿者，会被组织奖励，可能是物质的，也可能是升官晋爵，此时的收益为 3 个单位。但是，如果官员甲和官员乙能够合作的话，也就是串谋起来的话，大家心知肚明，都接受了贿赂，都不会主动揭发对方，那么此时两位官员都会获得 10 单位的收益。该博弈如图 2-4 所示，我们称之为低薪下的集体腐败博弈。

① 所谓"从众式"腐败，是指腐败现象在一个单位或地方有示范效应，对于大小官员而言，你腐我腐一起腐，彼此心照不宣，纷纷滑入腐败深渊。

		官员乙	
		腐败	清廉
官员甲	腐败	10 10	3 −2
	清廉	−2 3	2 2

图2-4　低薪下的集体腐败博弈

各位读者朋友们，你看了上面的博弈矩阵，你觉得两位官员会如何行动呢？如果两位官员都很清廉，那么都会守着每个月2单位的工资过日子。而如果接受了贿赂进行腐败行为的话，情况就不一样了。对官员甲而言，如果官员乙选择了腐败，官员甲也一同腐败的话，会有10单位的收益，但如果官员甲选择清廉的话，则只有3单位的收益，显然腐败是较优的选择；而如果官员乙选择了清廉的话，官员甲选择腐败会有−2单位的收益，而选择清廉的话，也有2单位的收益。对于官员乙一样，情况与此类似。但是你想过吗？腐败的收益太大，远远大于自己清廉时的收益，所以大多数官员会选择搏一把。而且，如果两位官员能够心照不宣地一起腐败的话，大家都会有最好的收益。所以（腐败，腐败）就成为两位官员的最好策略，这样一来，合谋的集体腐败就形成了。

如果上述博弈中的官员们的工资不是2单位，而是8单位，那么此时他们会出现什么结果呢？我们重新用图2-5"高薪下的集体腐败博弈"来说明一下。此时，由于各自的工资薪金很高，只略低于腐败的收益，那么两位官员谁会为了腐败的这点额外收益而冒着被揭发出去的风险甘愿丢掉自己的饭碗呢？毕竟这个职位的背后还有一些看不见的潜在的利益，甚至包括一些荣誉感和特权。当然，不管怎么调高薪金，都不可能让其高到与腐败收益一致，毕竟我们还需要对政府公务人员进行道德教育和职业操守的教育。而且，现实中的情况是，职业教育和道德教育已经成为防治腐败的一个有效的手段。

	官员乙	
	腐败	清廉
官员甲 腐败	10 10	3 −2
清廉	−2 3	8 8

图2-5　高薪下的集体腐败博弈

　　如果上述博弈中对腐败官员的惩罚不是仅仅丢掉官位和退回赃款，而是处以很严厉的惩罚措施，比如对其进行刑事处罚，让其锒铛入狱、以后也永不录用等，那么此时的支付不是 −2 单位，而是 −20 单位。这个抉择如图 2-6 所示。此时，对于两位官员而言，虽然从腐败中可以获得更大的收益，但是被揭发后而失去的收益更大，大到自己难以承受，远远超过了腐败的收益，这种情况下，谁还会愿意从事腐败行为呢？这就说明，一个好的预防腐败的制度措施很关键，会起到较好的防治腐败的作用。我国改革开放的伟大设计师邓小平就说过"没有好的制度，好人也会做坏事；有了好的制度，坏人也难做坏事"。著名

	官员乙	
	腐败	清廉
官员甲 腐败	10 10	3 −20
清廉	−20 3	2 2

图2-6　严厉惩罚的集体腐败博弈

思想家卡尔·波普（Karl Popper）也曾经说过："人们需要的与其说是好的人，还不如说是好的制度。"可见，我们要在制度建设上下点功夫，让腐败者不愿意也不能腐败。

实际上，我们运用经济学常规的选择分析，当某人从事腐败活动的效用超过他把时间及资源用于从事其他活动所能带来的效用时，他就会从事腐败活动。这就是说，某些官员因腐败而犯罪，并不是因为他们的基本动机与别人有什么不同，某些国家之所以腐败泛滥，也不是由于这些国家的国民喜好此道，而是由于在既定的社会经济政治制度下，腐败的私人收益与社会收益之间、私人成本与社会成本之间存在巨大的差距，以致腐败成了一种合乎经济理性的行为。但是，我们毕竟不能对腐败处处容忍，我们需要一个清廉的环境，才能健康地发展社会经济。所以，要寻求如何才能有效抑制腐败问题的产生。目前在反腐倡廉的路径选择上，我国同时选择了制度防线和教育防线，但是存在的问题依然很多，或者是制度建设不完善，或者是教育不到位。但是不管如何，只有完善制度和健全人格与心理，才能走出腐败层出不穷的怪圈。

∷∷ 绩效评估

假设你是一家公司的老板，你们公司开发出了一种新产品，为了更快地打开市场，你需要招聘员工对它进行推销，不妨我们假设需要20位从事市场推广的业务员。但是问题也由此而来，作为公司的老板，你要如何决定这一批业务员中的个人工作量呢？为了更加简单起见，不妨设这种产品过去在市场上从来没有销售过，也就是说你根本无法准确估计那些既聪明能干又积极勤奋的业务员每个月到底该卖多少，当然也就无从知晓那些消极怠工的业务员是否真的没做好。

　　我们把这些业务员抽象成两个，分别是员工甲和员工乙。因为众所周知的原因，外出跑业务的推销员不能和在办公室上班的员工一样，严格遵守上班打卡的考勤制度，公司或者老板也就无法准确判断这两个员工的实际工作时间的大小。当然，我们要假设业务员的基本素质差不多，只有工作时间的长短在决定着销售业绩，每月实际工作天数多的员工所推销出去的产品会比每月实际工作天数少的员工多，绩效也就高。

　　假如这个时候你采用平均主义的办法，干多干少都是一个样，那么你所面对的结果就是造成了你自己将被卷入员工之间的偷懒工作的"囚徒困境"中。

　　因为你采用了平均主义的办法，员工甲和员工乙如果都努力工作，两个人因为销售业绩较好，都可以获得25单位的收益；员工甲和员工乙如果都不努力而选择偷懒工作，你一样无从知道销售业绩到底属于好还是坏，因为没参照，你还是要付给他们一样的工资待遇，但是他们两个人可以从偷懒中获得额外的报酬，比如兼职工作或者休闲享受等，这样下来实际上每人都可以从本单位获得20单位的收益。而如果员工甲选择努力工作，员工乙选择偷懒工作的话，员工甲本应因为销售业绩较好而获得较高的回报，但是却获得了平均的收益，因此他心有不甘，毕竟他自己真正地付出了相应的成本和投入。那么，他就受到一些打击，最终获得了17单位的收益。员工乙则因为得到了比自己实际应得的还要多的收益而高兴，并可能产生兼职收益，而最终获得了27单位的收益。如果员工乙选择努力工作，员工甲选择偷懒工作的话，情况正好是相反的。这样一来，只能是让（偷懒，偷懒）成为博弈的结果。这个博弈具体如图2-7所示。

👥		员工乙	
		努力	偷懒
员工甲	努力	25 / 25	27 / 17
	偷懒	17 / 27	20 / 20

图2-7 员工平均绩效评估的博弈

面对着这种情况，那你该怎么办呢？可能的办法——也许是唯一的办法就是根据相对绩效标准来评估每个业务员的表现，也就是将他们的工作业绩进行相互比较，对那些销售量高的业务员施以额外的货币性奖励，当然也可以给予海外游等一些物质和精神奖励。为什么呢？因为这样一来，就可以用相对的绩效评估标准让这些业务员陷入积极工作的"囚徒困境"中。这样一来，时间就不是大问题了，毕竟公司或者老板要在每月月底看到他们的销售成绩，并据此对这些业务员就当月的工作状况进行考核。下面将这个博弈说明一下，如图2-8所示。

👥		员工乙	
		努力	偷懒
员工甲	努力	25 / 25	15 / 35
	偷懒	35 / 15	30 / 30

图2-8 员工相对绩效评估的博弈

一般而言，由于公司无法准确考核这类员工的实际工作天数，假如公司给出了相同的评价，那么就会促使这些员工选择集体偷懒，因为只有每个人都偷懒时，大家的绩效表现才会不相上下，也就是说他们会根据各自的理性选择每月偷懒以减少工作天数，而不会选择勤快而增加每月工作天数，这就让公司受到了损失。所以，公司设计的方案，就是根据他们的工作业绩进行相互比较。这样的话，假如员工甲每月实际工作天数较少，员工乙实际工作天数较多，员工乙就会因为销售业绩较好而得到优等的评价，获得额外的货币性奖励，累计 35 单位的收益，还可以积少成多，以后成为业务精英，获得更大的发展和奖励机会；而员工甲将会受到老板的批评，受到打击而被付出一些心理的成本，假设获得 15 单位的收益，甚至因为累计多次而为此丢掉饭碗，毕竟公司不能养懒人或者闲人。所以对员工甲和员工乙来说，每月努力工作就将成为他们的最佳选择，只有这样才不能被淘汰出局。

很明显，双方不可能同时达成协议，大家一起偷懒并因此（加上其他方面的潜在收益）从本单位获得 30 单位的收益。即使员工甲告诉员工乙"我自己绝对不会好好干的"，也不会被对方相信，毕竟老板的考核是一对一的横向之间的相互比较。此时，虽然员工们都想要轻松度日，在工作中偷懒，但当公司老板以相对的评估标准来衡量员工工作业绩时，"囚徒困境"的产生就使得某一员工很难说服别人一起偷懒。而且，作为老板，假如你的员工真的互相串通，集体偷懒，相对标准所形成的"囚徒困境"遭到瓦解，此时，你要激励你的员工士气就必须采取客观的绩效评估标准，把表现不佳的人毫不留情地开除。

看到了吧，企业的老板为促使员工之间的互相竞争，有时候会故意在员工之间形成"囚徒困境"的局面，以刺激他们努力工作。为了形成这种激励员工卖力工作的"囚徒困境"，老板可以采取这一策略：奖励表现最优秀的员工，并淘汰表现未达工作标准的员工。假如员工都接受了这场博弈，那么他们就可能会兢兢业业地工作。

让我们想一想，公司内部或者一些事业单位或者政府机关在年终对员工进行考核时，行政主管是否也会遇到这样的问题？主管都希望单位的高层觉得自己在考核时知无不言、言无不尽，但是他们同时也希望被自己的员工下属视为值得被追随的好上司。在这种情况下，行政主管既想说实话也想说好话，于是他们在考核时多半会手下或者嘴下留情。为了避免这种行政主管陷入考核评价的"囚徒困境"的情况，单位往往可以只要求行政主管给出每名员工的量化排名，毕竟你不可能对每一个人的评价都一模一样。然后单位的有关部门或者考核小组或者上一级领导通过行政主管所给出的排名掌握每名员工的大致情况，就可以防止把每名员工都定为同一个或相似层次的水平以上。

❖❖❖ 走出囚徒困境

《蝙蝠侠之黑暗骑士》(*The Dark Knight*) 是著名导演克里斯托弗·诺兰（Christopher Nolan）执导并于 2008 年上映的一部科幻动作电影。里面有这样一个场景：小丑已事先在两艘渡轮上放了炸弹，一艘载着民众，另一艘载着囚犯，并告诉两边的乘客，自救的方法就是先用他准备的引爆器，引爆另一艘船只。否则，两艘船都会在午夜时被遥控炸毁。小丑有句台词说"……不过你们动作要快，另一艘船上的人可能不那么高尚。"随后，船上的乘客都开始吵着要引爆炸弹，说没道理陪另一艘船上的囚犯们一起死，甚至要求以投票的方式来表决……这个场景充分说明了乘客们"囚徒困境"的心态：双方都不引爆是最好的选择，但是我们不能保证那艘船上的人不会引爆，所以我们最好的办法是引爆。当然电影的导演并没有让这样的事情发生。是什么让这个囚徒困境失效了呢？原来啊，由于道德作用，船上有人站出来把引爆器扔到了海里。

第一，道德的层面可以解决。也就是说，这个世界上如果存在一群"善良的人"，不管站在个人理性的角度能够带来什么物质利益的回报，他们仍然愿意服从集体理性，也就是说他们都愿意选择合作，那么这个"囚徒困境"就会得到一定程度的化解。即使有些人一开始和"善良的人"在一起博弈时没有选择友好的方式，也就是没有合作，那么他的私心就昭然若揭，如果还存在后续合作的话，这个人就会变得善良一些，因为他会感到不好意思，即便是为了掩盖自己的本质吧。这样一来二去的，大家都从合作中得到了好处，这是符合集体理性的，那么也就逐渐影响到了那些因为个人理性而不愿意合作的人，他们也许会仿效"善良的人"的做法，更多地选择合作，换取其中的好处。即便是有些人进行合作纯粹是一种虚伪的欺骗，这种欺骗也是可以换回好处的。

第二，如果这个博弈过程不是独立的一次，而是反复的，而且没有证据证明在未来有限的几次就会结束，那么这个"囚徒困境"也会改善。在一个要存在很多次的博弈中，任何一方的不合作，就会让对方知道你的作弊行为，这样就会导致合作终止。当然，合作终止的代价是比较大的。是合作重要还是换取暂时的收益重要，你要仔细权衡。也就是说，你要对现在和未来作一番仔细的研判。比如，前面提到的欧佩克，如果成员国伊朗为了暂时的利益，偷偷地提高了产量，就会将自己暴露在其他成员国的视线之中，那么就会为自己带来意想不到的来自于其他成员国的代价或者报复。那样的话，必定将得不偿失。作为伊朗而言，他也轻易不敢冒天下之大不韪而背弃合作的信条。除非，他能预期到某一次是最后一次合作，那么违背一次合作，或许会带来较高的收益。但是，到底哪一次是最后一次呢？没有什么证据可以表明这一点，所以，只有合作才是最好的策略。

第三，那就是较严厉的惩罚措施。还记得我们前面提到的两个犯罪嫌疑人的故事——也就是"囚徒困境"的原型吗？如果双方都加入了一个黑社会性质的组织，而这个组织又有着严厉的惩罚办法的话，这两个人谁先被放出来的话，就很容易被这个组织知道他背叛了组织，成了警方的污点证人，那么他或许与他有关的亲戚朋友也就会为此遭到该组织严厉的惩罚，这一点我们在黑帮电影中经常看到。这样的话，哪个犯罪嫌疑人还敢轻易承认罪行呢？即使警方答应他"我们警方会好好保护你的"，他也不敢轻易相信这个承诺。所以，我们也会看到，有的时候，警方为了让犯罪嫌疑人开口，甚至会说"我们马上把你放出去"。也许这一招挺有效，因为，该犯罪嫌疑人知道，一旦警方放我出去，对外面的组织而言，就意味着"我背叛了"，那么"我就惨了"。当然，举这个例子不是我们的本意，我们还是期望犯罪嫌疑人"合作"开口说真话的，因为这个社会需要和谐安定。即便是面对着职业绩效考核这样的问题，如果我们明确对于那些偷懒的人采取即刻开除，那么效果会是什么样呢？也就是说，给出的惩罚代价远远大于他背叛可能获取的收益的话，他就有理由会选择合作的。

好了，我上面说了这些（当然还有一些其他的破解办法，后面我们会逐步谈到），就是要告诉你们，面对着"囚徒困境"，我们就是要化解它成为困境的条件，只有这样，才会使合作成为可能。

⋘ 小结

"囚徒困境"是博弈论的非零和博弈中具有代表性的例子，反映了基于个人理性的个体最佳选择并非集体最佳选择。该博弈的结果对参与者个人而言都是最佳的，即符合他们个体理性的选择，但是就整体而言却是一个最差的结果。它是一个现实生活中许多现象的抽象概括，有着广泛而深刻的意义。合作？还是背叛？本章将囚徒困境博弈充分展开，通过分析了涉及很多领域的价格联盟、公地悲剧、集体腐败、绩效评估等具体问题，挖掘了其深层的人性基础和理性信任观，让诸位领略了人们在试图合作中可能遇到的诸多困境。对于"囚徒困境"，我们知道，如果参与决策的多方保持合作的状态，各方所得利益的总和便可最大化。但是问题就在这儿，签订或口头达成合作协议并不是很困难，困难的是这个合作协议达成之后，是否对博弈各方具有很强的约束力。这种情况虽然很难，但是也不是不能实现，也正是如此，才能让我们从中知悉如何行动才能走出这个困境。否则，我们还是在此类情况下摆脱不了"囚徒困境"的宿命。

⋖⋰⋱ 基础练习

一、请解释什么是囚徒困境，并列举 1 个商业案例。

二、在以下博弈矩阵图中找出哪一个是囚徒困境博弈，并简要解释理由。

甲		乙	
		消极	积极
消极		12	2
		10	50
积极		60	39
		12	100

图2-9　甲与乙的博弈一

甲		乙	
		消极	积极
消极		12	0
		10	110
积极		50	39
		0	100

图2-10　甲与乙的博弈二

甲		乙	
		消极	积极
消极		20	0
		10	30
积极		30	12
		0	11

图2-11　甲与乙的博弈三

第3章
纳什均衡：让自己的决策不后悔

我们可能没有足够的能力来想象和抽象，或者我们不愿意付出进一步的努力，所以我们总是只能对未来的需要描绘出一幅不完全的图景，尤其是对很久以后的需要的描绘。

——庞巴维克（E. Bohm-Bawerk）

前面第 1 章中我们说了，真正意义上的博弈论的研究起始于 1944 年约翰·冯·诺伊曼（John von Neumann）和奥斯卡·摩根斯特恩（Oskar Morgenstern）合著的《博弈论与经济行为》，但是改变博弈论历史的是一个叫纳什的年轻人。

约翰·纳什（John Nash）生于 1928 年 6 月 13 日。中学毕业后，他进入了匹兹堡的卡耐基技术学院，攻读化学工程专业。1948 年，还在读大学三年级的纳什在申请研究生项目时，同时被哈佛大学、普林斯顿大学、芝加哥大学和密歇根大学录取。正在纳什为此感到十分犹豫时，普林斯顿大学的数学系主任所罗门·莱夫谢茨（Solomon Lefschetz）立即写信敦促他选择普林斯顿，这份热情促使纳什接受了这一邀请，并获得了 1 150 美元的奖学金。在普林斯顿大学自由的学术空气里，纳什如鱼得水，他 21 岁博士毕业，不到 30 岁已经闻名遐迩。正是他的一篇关于非合作博弈的博士论文和其他相关文章，确立了他博弈论大师的地位。阿尔伯特·塔克（Albert Tucker）教授曾经这样评价纳什的论文："这是对博弈理论的高度原创性研究，其具有重要的贡献。它发展了本身很有意义的 n 人有限非合作博弈的概念和性质。并且它很可能开拓出许多在两人零和问题以外的、至今尚未涉及的问题。在概念和方法两方面，该论文都是作者独立创作的。"在这些文章中，他证明了非合作博弈及其均衡解，并证明了均衡解的存在性，后来这被称为著名的**纳什均衡**（Nash Equilibrium）。纳什均衡这个概念在非合作博弈理论中起着核心的作用。可以说，后续的研究者对博弈论的贡献，都是建立在这一概念之上的。正是由于纳什均衡的提出和不断完善才为博弈论广泛应用于经济学、管理学、社会学、政治学、军事科学等领域奠定了坚实的理论基础。

不幸的是，1958 年的秋天，纳什被送进了精神病医院。因为无法忍受在纳什的阴影下生活，妻子艾丽西亚·拉迪（Alicia Larde）也同他离婚了，但是妻子并没有放弃他。离婚以后，艾丽西亚再也没有结婚，她依靠自己作为电脑程序员的微薄收入和亲友的接济，继续照料前夫和他们唯一的儿子，并且她坚持纳什应该留在普林斯顿。于是，在二十世纪七八十年代，普林斯顿大学的学生和学者们经常在校园里看见一个行为奇特、身形消瘦、沉默寡言的男人在徘徊。因为他经常穿着紫色的拖鞋，偶尔在黑板上写下数学论题，纳什被称为"普林斯顿的幽灵"，但是学生们和学者们都知道这个"幽灵"是一个数学天才，只是不知为何突然发疯了。就在纳什生病的这些年里，他的名字开始频繁出现在经济学、进化生物学、政治学和数学等领域的期刊、教材专著中，在经济学和数学里更是成为一个重要名词。在 20 世纪 80 年代末，由于妻子的精心照顾和普林斯顿大学一贯的爱心支持，纳什渐渐得到了康复，并且在1994 年获得了诺贝尔经济学奖。

这个故事后来被搬上了荧屏。2001 年，美国环球影业公司(Universal Pictures）出品的《美丽心灵（*A Beautiful Mind*)》就讲述了纳什的故事。这部影片一举囊括了第 59 届金球奖 5 项大奖，并荣获 2002 年第 74 届奥斯卡奖 4 项大奖。罗素·克洛（Russell Crowe）在奥斯卡颁奖时对《美丽心灵》的评价是"能帮助我们敞开心灵，给予我们信念，生活中真的会有奇迹发生。"的确，这么一部关于一个真实天才的极富人性的剧情片，也让博弈论更加走入普通人的生活。

∵∵∵ **最优策略的下划线法**

在第 1 章里，我们向各位介绍了参与者如何通过剔除劣势策略的方法来寻求对自己有利的博弈策略。现在我们利用与此类似的思路介绍一个下划线法，可以更方便地找出参与者的最优策略。

为了熟悉起见，我们还是先拿那个囚徒困境说事吧。前面说了，这个博弈很简单，用剔除劣势策略的方法，两条虚线一划，结果就出来了。你还记得这个博弈的结果吧？就是双方都选择坦白。现在我们用下划线法来看看，如图 3-1 所示。

		李四	
		坦白	抵赖
张三	坦白	−3 / −3	−5 / 0
	抵赖	0 / −5	−1 / −1

图3-1　下划线法找最优策略

当张三选择坦白时，对李四而言，他选择坦白被判 3 年，选择抵赖被判 5 年，很显然，他宁愿选择坦白而不是选择抵赖，因为 −3 大于 −5 啊，所以我们在张三选择坦白而李四选择坦白的那个支付 −3 下划上一条横线，表示这个选择比较好。当张三选择抵赖时，对李四而言，他选择坦白被无罪释放，选择抵赖被判 1 年，毫无疑问，他愿意选择坦白而不愿意选择抵赖，因为 0 大于 −1 啊，所以我们在张三选择抵赖而李四选择坦白那个支付 0 下划上一条横线，表示这个选择比较好。

同样地，我们也这么考虑张三的选择。当李四选择坦白时，张三如果坦白被判 3 年，抵赖则被判 5 年，所以在他坦白的支付 −3 下划上一条横线。当李四选择抵赖时，我们经过分析后同样在张三坦白的支付 0 下划上一条横线。

这样一来，你会看到：有四个数字下面被划上了横线，而在该博弈的左上角的那一个方框内，两个数字下面都有横线。这就说明，张三和李四都同时选择了坦白的策略，也就代表着他们的选择形成了一个交集，从而形成了一个策略组合。对两个人而言，面对着这个结果，各自都不愿意主动改变。这个结果是否和原来用剔除劣势策略的方法得到的结果一致呢？方法虽然不同，但是殊途同归，本质上是一致的。

为了一般化，我们举一个有关两个企业打折销售的例子。对企业而言，为了争取更大的市场和利润，经常开展价格攻势，我们前面说了这很可能形成一种"囚徒困境"。我们假设有两家汽车生产商，不妨设为"极速"和"闪电"，它们的价格博弈结果可能如图 3-2 所示。

		闪电	
		打折	不打折
极速	打折	中等利润 / 低利润	低利润 / 高利润
	不打折	高利润 / 零利润	低利润 / 零利润

图3-2 打折是优势策略的博弈

利用我们上面说到的划线法，当"极速"选择打折时，作为回应，"闪电"就会选择打折，以换来中等利润，避免低利润，我们在该企业选择的策略下划上一横线；当"极速"选择不打折时，"闪电"的策略反应就是会选择打折，以换来高利润，避免继续守着低利润的境遇，我们在该企业选择的策略下划上一横线。同样分析"极速"的情况，就可以得到一个均衡（打折，打折）。打折对这两个厂商来说都是优势策略，毕竟打折所带来的利润通常较高，尤其对于这类需求价格弹性①较大的产品以及时下的一些奢侈品②。

　　这个价格博弈说明，其实老百姓对于此类汽车的需求并不迫切，厂商都不打折时，消费者就不愿意购买汽车。哪个厂商打折时，消费者就买谁的。两个厂商都打折的话，消费者的购买欲望可能都被勾起，从而使两个厂商的利润比都不打折时有所增加。

　　假如这个博弈的格局变化一下，具体如图 3-3 所示，情况又会如何呢？

图3-3　打折是无优势策略的博弈

　　这个博弈和我们在前面讲过的博弈不太一样。因为经过划线法的筛取，它可能形成两个策略组合结果，即（打折，打折）和（不打折，不打折），也就是两家公司要么都打折，要么都不打折。看得出来，对这个博弈而言，用打折来促进销售并没有形成唯一一个博弈均衡，双方都不打折是一个更好的选择。假如"闪电"采取打折策略，"极速"的最好反应策略也是打折；假如"闪电"不打折，"极速"的最好策略选择也是不打折。当然，如果二者之间只有一方选择打折，结果只会让不打折的一方受到损害。

　　这个博弈反映出来的市场情况可能会说明，消费者其实并不关心这两款车子的

① 需求价格弹性，简称为价格弹性或需求弹性，是指需求量对价格变动的反应程度，是需求量变化的百分比除以价格变化的百分比。
② 奢侈品，又被称为非生活必需品，一般是指一种超出人们生存与发展需要范围的，具有独特、稀缺、珍奇等特点的消费品。

价格是否打折，即使不打折，他们也会购买。对于汽车生产商而言，如果可以稳定自己的生产量，销售量也保持在一个较好的水平上，不打折降价反而是更好的选择。如果双方不能有效地协调，纷纷打折，结果只能是两败俱伤。在这种情况下，开拓并稳定市场的最好办法就不应该围绕价格问题入手了，应该考虑诸如售后服务、品牌效应等外部的竞争手段了，在改变消费者潜在的非价格收益的同时，也使企业的价值得到体现。

❊❊❊ 纳什均衡

1949 年，21 岁的纳什写下一篇著名的论文《多人博弈的均衡点》，提出了纳什均衡的概念和解法。1950 年和 1951 年纳什的两篇关于非合作博弈论的重要论文，彻底改变了人们对竞争和市场的看法，并且揭示了博弈均衡与经济均衡的内在联系。纳什的这些研究奠定了现代非合作博弈论的基石。

立足于本书的初衷，我们不准备也不愿意介绍关于纳什均衡的数学公式，以不增加读者的阅读负担。简单表述的话，一个**纳什均衡**（Nash Equilibrium）就恰好是对于每一个博弈参与者来说是这样的一个策略组合，即给定其他参与者的策略，每一个参与者的这个策略能使其期望效用最大化。纳什均衡的含义就是说：当博弈的所有参与者在某一选定的策略组合下都没有动机（单方面）偏离各自已选定的策略时，该策略组合就构成一个纳什均衡。

从以上这个定义上来看，纳什均衡是指一个不会让参与者后悔的策略选择，不管其他人怎么做，参与各方都对自己的策略感到满意。换言之，在纳什均衡中，给定了其他参与者的选择，没有人会对自己选择的策略感到后悔。在这样一个纳什均衡中，你自己或许不满意其他参与者选择的策略，但是你自己选择的策略是回应对手策略选择的最佳策略。由于参与各方都是理性经济人，纳什均衡中的各方都绝对不会主动合作，而且会认定自己改变不了对手的行动选择。但是，双方为了自己利益的最大化而选择了某种最优势的策略，并且与对手达成一种暂时的平衡。

你回过头看看我们本章再次谈到的囚徒困境博弈（图 3-1）。在这个博弈中，我们用下划线的方法可以找到它的博弈均衡为（坦白，坦白），这就是一个纳什均衡。假如李四选择坦白，张三的最佳策略就是选择坦白。也就是说，如果李四选择了坦白，张三就会对坦白很满意。同样，假如张三选择了坦白，李四的最佳选择也是坦白，他也对选择坦白这个策略很满意。谁都没有动力改变这个策略组合，因为谁也不相信对方会做出改变（即选择抵赖策略）。也就是说，纳什均衡的威力来自于它的稳定性，不管其他参与者如何选择，每个博弈局中人都很满意自己的行动，所以没有人想改变自己的策略。

对了，需要说明的是，我们一般寻找纳什均衡的方法就是用下划线法。对有些博弈，你可以很轻松地找到它的一个纳什均衡，如图 3-1 所示的囚徒困境博弈；对有些博弈，你可以较轻松地找到它的多于一个（比如两个）纳什均衡，如图 3-3 所示的打折是无优势策略的博弈。如果你运用这个方法，还是找不到纳什均衡，那就说明不存在纯策略的纳什均衡。但是请注意，这并不意味着就没有博弈的均衡。我们在下一章（第 4 章）里会介绍这个问题，请你少安毋躁。

下面我们再来举一个例子，以加深对纳什均衡的理解。有两家科技型中小企业——"蓝天"和"白云"，它们分别处于所属产业链条的上下游，而且实力不等。"蓝天"处在产业上游，现有客户也较多；"白云"处在产业下游，现有客户较少。现在遇到一个新的技术设想，两家企业可以单独改造也可以联合改造，博弈就此展开，如图 3-4 所示。

♛	白云		
		不改造	改造
蓝天	不改造	$\underline{2}$ $\underline{4}$	1 2
	改造	0 3	$\underline{6}$ $\underline{10}$

图3-4 技术改造的博弈一

在这个博弈中，我们很容易通过下划线的方法找出两个纳什均衡：要么双方都选择技术改造，即（改造，改造）；要么双方都不进行改造，即（不改造，不改造）。

"蓝天"选择不改造，"白云"选不改造就会形成一个纳什均衡。假如"蓝天"选择不改造，那么"白云"的最佳策略就是不改造。换句话说，"蓝天"选择了不改造，"白云"就会对选择不改造这个策略很满意。同样地，假如"白云"选择了不改造，那么"蓝天"对选择不改造的策略也是满意的。除此以外，我们很明显地看到，双方都应该比较满意（改造，改造）这个均衡，而不是（不改造，不改造），但是也不能阻挡（不改造，不改造）成为纳什均衡。为什么呢？当双方选择（不改造，不改造）这个策略组合的时候，每个参与者的选择都是对对手做出回应的最佳策略。一方选择不改造的话，另一方最佳的回应就是不改造，只有这样才能避免被动。当然，（改造，改造）无疑是一个最好的纳什均衡，因为在选择这个策略组合时，双方都能得到最大的报酬，所以都会对自己的策略选择感到满意，而不会后悔。

除此以外的（改造，不改造）或者（不改造，改造）都不是纳什均衡，因为这个选择会让双方感到后悔。假如"蓝天"选择了不改造而"白云"选择了改造，那么"白云"看到这个结果后就会后悔自己的选择，因为如果选择不改造，就可以得到更高的收益。此时，"蓝天"看到了"白云"的选择，也会感到后悔，后悔自己选择不改造。

如果我们再假设，"蓝天"和"白云"两家公司目前所处的环境必须要求他们都进行技术改造。如果"白云"不进行技术改造，就会因为不符合国家标准而不得不关门停业，如果只有"蓝天"进行技术改造，虽然上游产品得到改善，但是下游产品没有跟着改善，那么也就意味着"蓝天"的技术改造不会通过"白云"的产品体现出来，不会为其带来与此相对应的或者额外的盈利。博弈如图 3-5 所示。

♛		白云	
		不改造	改造
蓝天	不改造	$\underline{0}$ 0	0 0
	改造	0 0	$\underline{6}$ $\underline{10}$

图3-5　技术改造的博弈二

很显然，这个博弈也不止一个纳什均衡：(改造，改造) 或者 (不改造，不改造)，但是双方获得的支付却大相径庭。

尽管（改造，改造）是一个很明显的纳什均衡，但这也不影响（不改造，不改造）成为一个纳什均衡。如果"蓝天"选择了不改造，那么"白云"选择不改造也不会感到后悔，因为他无论选择什么，都不能获得收益。同样的道理，假如"白云"选择了不改造，那么"蓝天"选择不改造之后也不会感到后悔，因为他也没有更好的选择。这个博弈说明：在对手出招的时候，如果你除此以外没有更好的选择，你就不会后悔作出这样的策略选择。

在前述图 3-4 的博弈中，如果双方都不进行技术改造，尚且可以进行正常的经营，只是放弃了更好的发展机会而已。但是在这个图 3-5 的博弈中，如果双方或者某一方不进行技术改造的话，两家企业都只有死路一条。所以，（改造，改造）是优先级的纳什均衡策略，而（不改造，不改造）是次级的纳什均衡策略。很显然，博弈的参与者，也就是这两家企业应该想办法从次级的纳什均衡策略（不改造，不改造）转到优先级的纳什均衡策略（改造，改造）上来。怎么做到呢？其实应该很容易，只要两家企业没有过节，坐下来谈一谈就可以达成合作的协议，即使有过节应该也没有必要和发展大计过不去吧。

我在这里向读者朋友们描述一个关于商业合作模式选择的博弈，说的是有两个商业伙伴——甲企业和乙企业，他们各有所长，为了实现优势互补，想通过商业合作达到共赢的效益，他们分别有三种模式可选择，具体如图 3-6 所示。

		乙企业		
		L	M	R
甲企业	U	2 / 3	7 / 4	1 / 5
	H	1 / 6	8 / 2	1 / 1
	D	7 / 3	9 / 8	4 / 10

图3-6 商业合作模式选择的博弈

说到这里，还是来让你自己试着分析上面这个博弈有没有纳什均衡？如果有的话，其纳什均衡是什么呢？

加薪博弈

我们都知道，现代企事业单位及其他组织中，员工薪酬支付的数额以及薪酬的公平性会涉及组织内部上下级关系、群体氛围、团队凝聚力、组织绩效以及组织可持续发展等问题，会直接或间接地影响员工的行为、对组织的满意度，从而影响着员工的工作责任心，最终影响到整个组织的绩效。基于此，公司为了在人才的竞争中保持优势，总会把薪资保持在一定的水平。很多公司都通过专业的薪酬顾问公司获取最新的市场资料，作为调整薪酬的依据。

事实上，站在企业的角度，总会追求低的人工成本，这对企业来讲是好事，但是站在员工的立场上，他们总希望工资多多益善。这永远是一对矛盾的统一体。而且，无论从国内还是国际调查来说，不管是年薪千万的职业经理人还是普通的职员，薪酬满意度都不高，这也是一个世界公认的事实。因此，确定一个让全体员工和老板都非常满意的工资上涨方案是很困难的。不管从哪个方面来看，员工要说服老板加薪的事情，不仅需要员工底气十足，而且越来越变成一个技术活儿了。下面我们从博弈的思路出发来看一些具体的事例。

假设你和同事都到公司很久了，但是一直以来都没有享受到加薪的待遇，所以决定向老板提出加薪的要求。但是你考虑了公司的实际情况，可能有两种：一种情况是，公司现在发展比较好，以后的前景也不错，老板不愿意同时失去你们两个人，所以只要你和同事同时提出加薪要求的话，老板一般都会同意的，但是如果只有一个人要求加薪的话，可能会被辞退，因为老板可能考虑你不顾全大局。另外一种情况是，公司现在发展还可以，但是对于今后的前景呢，情况不是很理想，老板可能只会同意一个人的加薪要求，如果两个人同时提出来的话，估计都要被辞退。为此你该怎么做呢？

我们先来看第一种情况。因为公司发展的需要，现有的一些业务的开展需要你们两个人，在老板的眼里，公司可以失去你们之中的一个，还能维持业务的运作，但是不能同时都失去，否则业务就无法做了。这种情况下，如果你和同事同时提出来要求加薪，老板虽然勉为其难，但是还会接受，因为如果不同意的话，你们两个人可能都要辞职，这显然不利于公司的业务运作。当然，如果你们俩都不提出来，那么还会和原来一样，业务照常开展，工资薪酬还是原来的标准，没有什么影响。但是如果你们两个人之间只有一个人提出来要求加薪的话，老板就不会同意给这个人加薪，而且会把他辞退。因为在老板心目中，他会这样想"你们两个人都是一样优秀的，而且做的工作都相当，为什么只有你提出来加薪啊，你看另外一个多踏实肯干啊，埋头干活，根本不像你似的还提出来要加薪，摆明了居功自傲嘛，素质还是不够好，这不是带头破坏稳定的工资体制嘛！"所以，为了担心你起到坏的带头作用，老板决定辞退你。这个博弈如图 3-7 所示。

		同事	
		要求	不要求
你	要求	<u>加薪</u> <u>加薪</u>	无影响 被辞退
	不要求	被辞退 无影响	<u>无影响</u> <u>无影响</u>

图3-7　加薪博弈一

在这个博弈中，"加薪"要比"无影响"优，"无影响"要比"被辞退"优，故而我们通过划线法，可以很容易知道（要求，要求）和（不要求，不要求）是其两个纳什均衡。值得说明的是，尽管（要求，要求）是一个很明显的纳什均衡，但这也不影响（不要求，不要求）成为一个纳什均衡。

如果你选择了要求加薪，那么你的同事选择要求加薪的策略就是最优的，他为此不会感到后悔，因为被"加薪"总比"无影响"要好。如果你选择了要求加薪之后，在看到你的同事选择的也是要求加薪的策略，那么，你也不会感到后悔，因为被"加薪"总比"被辞退"要好。同样的道理，如果你选择了不要求加薪，那么你的同事选择不要求加薪的策略就是最优的，他为此不会感到后悔，因为"无影响"总比"被辞退"要好。此时，你在看到你的同事选择了不要求加薪的策略之后，你也不会后悔，因为对你自己"无影响"总比要"被辞退"好得多吧。

所以这两个策略组合都是相对稳定的，都是该博弈的纳什均衡。但是为了改善可能的结果，你可以想办法与同事进行交流以便达成信任，一起要求加薪，这样的结果肯定比其他结果要好得多。如果只有你一个人要求了，虽然成功加薪了，但是也不见得你很开心快乐，因为你的同事被辞退了，原来由你和他两个人干的活，现在有一部分工作肯定会转移到你的头上。也就是说,你的加薪或许就是以工作量增加、任务加重、压力加大为代价的。

接下来，我们再看一下第二种情况。公司现在的发展虽然还可以，但是未来前景不容乐观，所以老板暂时没有给你和同事加薪的想法。如果你和同事中只有一个人提出来加薪的请求，老板会考虑维护这个人的工作积极性，虽然不是很乐意，尽管今后的业务发展不乐观，但是当前还是要用你们的，业务的维持还要靠你们，所以会为提出要求的这个员工加薪,当然不会对那个没有提出来的员工加薪了。但是假如，你和同事两个人一起提出来要加薪，那么老板就会感到压力太大。因为这就意味着他要为此承担更多的运作成本，而有你们俩运作的业务还前途未卜。所以，老板考虑再三，为了缩减成本，也为了给其他员工提一个醒，只有拿你们俩开刀了，他只有选择同时辞退你们俩。这个博弈如图 3-8 所示。

		同事	
		要求	不要求
你	要求	被辞退 / 被辞退	无影响 / 加薪
	不要求	加薪 / 无影响	无影响 / 无影响

图3-8　加薪博弈二

在这个博弈中，我们也可以找到两个纳什均衡（要求，不要求）和（不要求，要求）。这里的（不要求，不要求）就不会像上面的博弈那样了，这个组合不能成为一个纳什均衡。新的两个纳什均衡说明，你和同事只能有一个人提出加薪的请求，结果就是提出来加薪的那一个员工得到了加薪，不提出加薪要求的员工不受影响。

如果你选择了加薪的要求，那么你的同事选择不要求加薪的策略就是最优的，他为此不会感到后悔，因为"无影响"总比"被辞退"（如果他选择了要求加薪的话）要好。此时，如果你看到你的同事选择的是不要求加薪的策略，那么，你也就会为此感到满意，因为被"加薪"正是你所期望的结果。同样的道理，如果你选择了不要求加薪，那么你的同事选择要求加薪的策略就是最优的，他会为此感到十分满意，因为"加薪"也是他所期望的结果。当然，你在看到你的同事选择了要求加薪的策略之后，你也不会后悔，因为对提出来要求或者不提出来要求所获得的结果都是一样的，都对你自己目前的状况"无影响"。

这也就说明，（要求，不要求）和（不要求，要求）这两个策略组合作为该博弈的纳什均衡也都是稳定的。但是你必须要明白，这个均衡是你和同事只能一方先行动才可以，同时选择要求加薪的行动只会带来最坏的结果——都被辞退。从这个博弈结果的稳定性上看，谁想获得福利的改进，谁就应该先迈出第一步。这就需要记住：先行者具有明显的优势。

谈了这么多，我想大家都清楚了：加薪是一场博弈。作为员工，你如果想找老板谈加薪，那就必须讲究天时、地利与人和。所谓的天时，就是你一定要了解自己所在单位的实际情况，已经取得的成绩和未来的发展前景，千万不要在不适当的时机提出加薪的要求；所谓的地利，就是你在提出加薪的要求之前，要先分析自己是否已经做出可以加薪的成绩，是否具备了加薪的绩效条件；所谓的人和，就是说你一定要学会揣摩老板的心理特征和处事风格，看他对待加薪的态度，对员工主动提出加薪要求的看法，还要看你周围的同事是否也有一样的加薪想法，甚至包括选择什么样的场合提出要求，等等。

但是不管怎么说，只要你加了薪，你就要承担更多的责任，自然也就要创造更多的价值。这里顺便提一句，在加薪理由的选择上，一般没有固定的参考标准。但是要记住，不管何时何地，都不要使用出于相互比较或纯粹个人目的的加薪理由，如"我的朋友在某某公司做我现在所做的工作，每个月的工资奖金都比我多""我听说我们公司的某某薪水比我多，但是他却没我干的活多""我刚刚买了一套房子，现在房贷压力又大了，真的需要加薪来支持月供"等等。这有可能是职业顾问眼里"最烂的理由"，因为这会让你的老板非常反感，而且可以非常容易地反驳你或者理直气壮地回绝你。

既然加薪是一场博弈，那么你就要学会从中找出最佳的策略，如果你现在正好有这样的想法，不妨结合以上所讲的内容好好想一下吧。

∷∷ 不正当竞争博弈

谈到不正当竞争，在不同的领域有不同的理解。在社会学领域中，比如职场上的不正当竞争，往往就是利用非正常的手段（比如贿赂上级、巴结上司、毁谤同事等），让自己获得更多的机会、损害他人的利益、压低他人的职场生存空间，从而实现自己的目的并为自己牟利的行为。在商业经营领域，所谓的不正当竞争，就是指经营者违反《反不正当竞争法》的规定，损害其他经营者的合法权益，扰乱社会经济秩序的行为。下面，本节就举出一些实际的事例来说明一下有关不正当竞争的博弈与决策问题。

在明代宋濂所著的《宋文宪公全集》中记录了下面这样一个故事。有两位寒门学子玉寅生和三乌从臣是同窗好友，因为没有钱而相互以品德互勉："我们俩应该洁身自好，如果以后遇到好的机会，能在朝廷中做官，我们也绝不能趋炎附势而玷污了我们高尚纯洁的品性。"两个人年轻气盛，一拍即合，并且郑重地歃血立誓："我们发誓，今后绝不贪图利益，趋炎附势而改变我们的德行。如果违背誓言，甘愿遭受神灵的惩罚。"后来，他们两个人一同到晋国去谋求公职，玉寅生一路上还重申发过的誓言，三乌从臣说："我们曾经发过的誓言还萦绕耳边，怎么能轻易忘掉呢！"当时晋王有一个宠臣叫赵宣子，很多人为了功名利禄而争相去拜访他，以期能得到他的推荐而受到重用。此时的三乌从臣开始对发过的誓言感到后悔了，他也很想结识赵宣子，但是又怕玉寅生知道了让自己难堪，几番犹豫之后，他决定尽早去拜访赵宣子。为了避人耳目，当鸡刚叫头遍，他就整理好衣冠，匆匆忙忙去了赵府。他进门之后却看见已经有个人端端正正地坐在正屋前东边的长廊里等候了，他走上前去举灯一照，原来是玉寅生。两人相对而愧，甚为尴尬，赶紧告退了。

上面的故事在古代如此，在现代也比比皆是。现实中，有很多这样实际的例子。如果巴结上司可以获得升迁的机会，那么其他人也会面对这样的局面。我们把这个例子改变成博弈对局，假设他们两个人要竞争同一个上一级的官职，每个人都有两个策略，就是巴结上司，或者不巴结上司。这个博弈的结果如图 3-9 所示。

		三乌从臣	
		巴结	不巴结
玉寅生	巴结	升官或落选 升官或落选	落选 升官
	不巴结	升官 落选	升官或落选 升官或落选

图3-9 不正当职位竞争的博弈

这个博弈中一个可能的策略结果"升官或落选"指的是，可能升官，也可能落选。这是一个不能肯定的结果，是一个带有不确定性的结果。相对于"升官"这个结果而言，"升官或落选"自然处于劣势。相对于"落选"这个结果而言，"升官或落选"又自然处于优势。那么，我们通过分析，可以得到上述博弈的一个纳什均衡（巴结，巴结）。也就是说，玉寅生和三乌从臣的最佳策略就是都去巴结赵宣子。

对于玉寅生而言，如果他选择了巴结的策略，三乌从臣也只有选择巴结，这个结果他不会后悔，因为如果不去巴结赵宣子的话，他只有"落选"，这显然不如巴结之后的"升官或落选"的结果。如果玉寅生事后知道三乌从臣也选择了巴结的行动，玉寅生自然也不会后悔。对于他们选择不巴结的策略作一个分析，结果也是一样的。这个博弈结果是稳定的，是双方都满意的，都不会后悔的策略，是一个纳什均衡。

原来的故事讲的是，两个人相对而愧，甚为尴尬，赶紧告退了。这里，我们假设他们都没有发现对方去巴结了赵宣子，都各自采取了巴结的行动，从而得到了一个模棱两可的结果（升官或落选，升官或落选）。这个结果，虽然含混不清，但其实是有意义的，意义就在于谁巴结的更到位。如果玉寅生巴结的比三乌从臣更到位，比如话说得更阿谀奉承，马屁拍得更令赵宣子舒服，贿赂送的更多等等，那么玉寅生就可能获得这个官职，而三乌从臣就会"落选"。反之是三乌从臣比玉寅生巴结的更到位，则三乌从臣就可能获得这个官职，而玉寅生就会"落选"。也就是说，这两个人为了获得这个官职的办法就应该是相互之间暗暗较量，相互攀比谁更会巴结，谁巴结得更到位。

那么，问题就来了，这种巴结到什么程度为上限呢？总不能为了这个官位什么都不顾了吧。如果你觉得不好理解，你可以设想成为一种行贿。为了获得这个职位，他们要去行贿，但是都行贿的策略却使结果出现了不确定性，那要行贿多少才合适呢？一般而言，他们为了获得这个官职而甘愿去行贿，那就说明这个职位有利可图。如果他们坐上这个位置，就可以从中牟利，或正当的或不正当的，只要为了行贿而支付的数额不大于做这个官之后可能的收益，博弈就会发生，直到接近这个职务可能带来的收益。换句话说，其实，相当于为了得到这个官职，参与者向管理当局缴纳的"入门费"，也成了贪污腐败者的"启动资金"。正是因为有利可图，我们才会看到媒体上经常披露的那些鲜活的案例，比如："买官卖官成腐败重灾区，中央细化干部选拔监管""某市某局党委书记8万元买官被骗""龙岗公安副局长2 000万买官"等这样的新闻层出不穷。

另外，各位可能会问了，如果玉寅生和三乌从臣都不去巴结赵宣子，两个人的策略也是（升官或落选，升官或落选），这和两个人都去巴结他的结果一样嘛，那还去巴结干吗啊？其实问题也就在这里。如果两个人都不去巴结赵宣子，两个人只是有可能"升官"，但是这个可能性很小，概率更倾向"落选"。因为已经有很多人都去巴结他了，来自外部的竞争太多，压力太大。所以采取不去巴结的策略是对两个人不利的。巴结了还有机会，不去巴结，就基本上没有机会，尽管理论上存在着机会。

也正是基于这样的分析，我们应该清楚了，现实生活中，特别是官场中，为了竞争一个职位，诸多参与者（候选人）可能会展开不正当的竞争，各种手段无所不用，这就会形成一种不正当竞争的怪圈。一些裙带关系、贪污腐败也就不足为奇了。但是问题是我们该如何做才能避免这种现象呢？试想一下，如果在这个职位上获得的可能收益不大，他们还会争相如此行动吗？如果这些职位赋予的权力没有那么大而掌控的资源又不足以带来很大的私人利益，如果这个职位带来的潜在的灰色或者其他一些见不得人的收益不高，如果对于官员履行职责的监督考核体系很完备而不能滥用职权牟取私利，那么这些为了牟取官职背后利益的参与者还会甘愿大肆行贿吗？还会污染官场职位竞争的环境吗？

上面谈了一个关于职场晋升的不正当竞争博弈，下面我们再看一个关于商业不正当竞争的博弈，是一个关于商业贿赂的例子。什么是商业贿赂？狭义上讲，商业贿赂是指经营者为了扩大其经销的产品或者服务的销售额，通过向交易相对人及其职员或者代理人提供财物、许诺或其他利益等方式，达到排挤和压制竞争对手、建立市场优势、扩大自己所

经销产品的市场份额的效果，获取特定经济利益的行为和过程；广义上
讲，商业贿赂就是指作为法人或自然人的市场主体通过向相对人暗中给
付财物、利益许诺及其他直接或者间接利益诱惑等手段，获取商业利益
的行为或过程。

假设有两家生产相似产品的企业，"诺维"与"延拓"，他们同时收
到了另外一家机构的采购招标通知。如果能够与这个机构达成合作的话，
就可以带来稳定的收益，而且也相当于打开了这个地区的市场。所以，
投标并中标就成了事关企业发展的工作了。

在这里，我们假设，如果两家企业都去贿赂了该机构的有关负责人，
而该负责人为了避免收了贿赂不办事遭到报复，就会让这两家企业"同
时中标"。但是"同时中标"并不意味着平等地获得采购的份额，而是
要取决于贿赂的数额多寡。如果都不去行贿的话，就都面临着中标或落
标，只能看谁的实力大了。这个博弈如图 3-10 所示。

		延拓	
		行贿	不行贿
诺维	行贿	同时中标 同时中标	落标 中标
	不行贿	中标 落标	中标或落标 中标或落标

图3-10 商业贿赂的博弈

在这个博弈里，（行贿，行贿）就成了一个纳什均衡，其博弈结果
是（同时中标，同时中标）。这也是一个稳定的均衡，因为双方都会为
自己的策略选择感到满意。这个博弈的分析过程或者说是形成过程，
和图 3-9 的不正当职位竞争的博弈是一样的，这两家企业也就类似于
玉寅生和三乌从臣，我们就不多说了。

值得注意的是，无论是在官场的不正当竞争博弈中，还是在这个商业贿赂的博弈中，我们都是假设没有监管主体的存在，事实上，这是不科学的，也是与现实不符的。实际的情况是：首先，行贿主体通过进行行贿赂以取得销售产品或提供服务的机会并因此取得净利润，或者取得与交易对象长期合作的机会；其次，行贿主体也要付出一定的行贿成本，主要包括必需的经济成本、机会成本以及一些无形成本（比如业内的商业信誉受损）等；第三，行贿主体可能还要面对受到监管机构查处的情况，这可能会引来官司或者牢狱之灾，这当然是一种成本和损失。而且，监管机构进行查处是随机的，有一个可能性的问题，也就是概率问题，后面第 4 章会谈及。我们这里先抛出来一个模型，如图 3-11 所示。

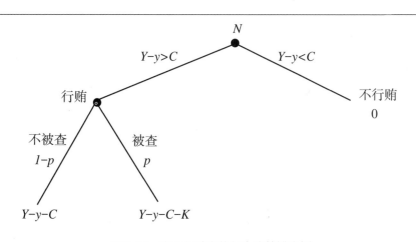

图3-11　商业行贿主体行为决策博弈树

在这个博弈树中，我们只考虑了一家行贿主体的情况，权当抛砖引玉，让读者先有一个大致的认识。假设商业贿赂行为主体的交易标的物的市场价格为 Y，行贿主体为受贿主体提供行贿成本 C 后，能以 y 的价格取得该标的物。通常情况下，监管机构以一定概率 p 来检查。如果商业贿赂行为被监管机构查处，行贿者就会受到惩罚 K，那么行贿者的得益是 $Y-y-C-K$；如果所幸没有被查处，则行贿者得益为 $Y-y-C$。在这里，行贿主体是否要行贿，行贿的概率有多大，就要取决于对这个博弈可能结果的分析，也就是看行贿主体对自己取得的可能收益是否大于零，只有大于零，才有利可图，也就可能去行贿，否则就不会行贿了。但是不管如何，我们可以知道，如果行贿成本较低、商业贿赂被查处的概率较小、惩罚力度也较小的话，商业贿赂的行为就不会停止。

当然，商业贿赂中的受贿主体也是处于经济社会中的理性人，当他预计受贿的收益高于其受贿的成本时，就可能经受不住商业贿赂的诱惑，而选择受贿。有兴趣的读者朋友们，可以自己先参考上面的博弈树来建立一个分析模型，尝试着分析一下商业贿赂的受贿主体的成本收益结构，也以便找出商业贿赂可能的有效治理路径。

从我国近几年的实际情况来看，商业贿赂行为在某些行业，例如医药、工程建设、产权交易、金融、政府采购、教育等领域呈蔓延之势。不仅破坏了市场的公平竞争，扰乱了市场秩序，也严重损害了我国市场经济的国际形象。而且，贿赂的方式也在不断变化，最近增加的贿赂新趋势就有招待旅游、为子女亲属安排工作、色情贿赂等等，我们说只要能使受贿主体主观感受程度提高的贿赂方式，都会提高其效用水平，都属于商业贿赂的范围。特别是当受贿主体有能力创租[1]并且能够滥用手中权力时，他就会倾向于利用手中权力设租，从而引诱行贿主体进行行贿。因此，政府越多参与经济活动或者决策，受贿主体手中权力越多，越有可能发生贿赂；对于某些行业管制的增加一般而言也会导致更多的商业贿赂。但是我们也应该认识到，对决策者的权力约束也是相对的，既要保证能将权力用到恰到好处，为经济社会发展作出贡献，又要保证不被滥用，也是一个博弈，一个授权当局和权力执行者之间的博弈。如何处理好这些行为主体之间的关系，始终是一个难题，在本书后面的一些章节中我们还会谈到此类问题的解决之策。

---

[1] 这句话里的"租"，就是指经济学中的"租金"。当掌握资源配置权力的主体运用手中的权力对企业和个人的经济活动进行干预和管制，妨碍了市场竞争的作用，从而创造了少数有特权者取得超额收入的机会的时候，这就形成了寻租。而寻租得到的"超额收入的机会"就是"租金"。至于有的学者认为寻租是为了争夺人为的财富转移而浪费资源的活动，而有的学者认为寻租是为了取得许可证和配额以获得额外收益而进行的疏通活动，我们不在这里多讲，有兴趣的读者可以参考有关的书籍和资料。

﹕﹕﹕ 纳什均衡的存在性

内容讲到这儿，我们要再介绍一个新的词汇。不论是第 1 章讲过的囚徒困境博弈、华乐和颐晨的博弈，还是本章讲到的打折博弈、技术改造博弈等，这其中的参与者都有一个或多个明确具体的策略选择，比如可以很明确地选择坦白，或者很明确地选择打折，这些很明确的策略选择，就称为"**纯策略**"（Pure Strategy）。换句话说，如果在每个给定信息下，只能选择一种特定策略，而且参与者选择了这个策略之后就不会单方面改变自己的策略，这个策略就是纯策略。

既然有了纯策略，那么如果对手选择了一个策略之后，你有一个相应的策略可以与他的选择形成一个组合，这就形成了一个纯策略均衡，比如（坦白，坦白）、（U, M）、（打折，打折）和（改造，不改造）等。前文说了，这些均衡的组合就是纳什均衡，而这些形成纳什均衡的**纯策略组合**，就是一个纯策略纳什均衡，是指在一个纯策略组合中，如果给定其他的策略不变，在该策略组合下参与者不会单方面改变自己的策略，否则会使策略组合令人后悔或者不满意。基于此，在图 3-8 的加薪博弈二中，（要求，不要求）以及（不要求，要求）就是一个纯策略的纳什均衡，在图 3-9 的不正当职位竞争的博弈中，（巴结，巴结）也是一个纯策略纳什均衡。所以你可以知道，纯策略纳什均衡可能是一个策略组合，如囚徒困境博弈中的（坦白，坦白），也可以是多个策略组合，如图 3-4 的技术改造的博弈一中的（改造，改造）和（不改造，不改造）。这些策略组合都是很明确的。

如果给定其他对手选择了某个策略之后，自己没有相应的策略可以选择，或者说相应的策略并不是自己愿意选的，那么这个博弈就没有纯策略纳什均衡。我们举一个例子，作为一个国际金融机构，国际货币基金组织（International Monetary Fund，IMF）的职责之一就是对成员国进行金融援助，假如有一个成员国发生了困难，需要 IMF 出手相助，但 IMF 不能保证这笔救助资金投入后是否可以促使成员国改善其现状，这便形成了一个博弈，如图 3-12 所示。

♟		成员国	
		改善	浪费
IMF	救助	2 <u>3</u>	<u>3</u> -1
	不救助	<u>1</u> -1	0 <u>0</u>

图3-12　IMF救助博弈

　　在这个博弈中，根据划线法，我们发现，IMF 和成员国之间的策略选择没有交集，不能形成一个稳定的策略组合。如果 IMF 选择了救助，成员国就不会选择去切实改善本国的状况，因为该成员国选择浪费这笔资金会更有利，也就是该成员国一旦选择了改善的策略，就会后悔。此时，如果 IMF 看到成员国的策略是浪费的话，IMF 也会后悔，因为这是一个令该组织不满意的方案。如果 IMF 选择了不救助的策略，成员国就只有选择自力更生，切实地去改善本国的状况，因为只有这样，该成员国才会获得最好的结果，也就是该成员国如果选择了浪费策略的话，他也会后悔。至于另外的策略选择也是一样的，我们就不再分析了。所以，这个博弈根本不能形成一个稳定的纯策略的均衡。

　　那么，是否这类博弈就没有均衡了呢？接着前面"纳什均衡"一节来继续讲一下，纳什在 20 世纪 50 年代初就证明了纳什均衡的存在性定理，它为非合作博弈打下了重要基础。纳什的工作不仅解决了存在性问题，而且还为其后的博弈论研究提供了一整套方法论工具，即运用不动点定理这一强有力的数学工具进行博弈论数学分析，这对后来的博弈论甚至数理经济学的发展产生了很大的影响。为了不增加大家的阅读负担，这里就不再讲解不动点的概念和不动点定理地证明了，也不再给出纳什均衡存在性地证明了，尽管理解存在性定理的证明过程有助于我们更好地理解纳什均衡，证明纳什均衡的存在性也有助于我们理解博弈均衡。我们直接给出这个结论。

纳什定理（Nash Theorem）或者叫做纳什均衡的存在性定理，是这样表述的：在任何一个有 *n* 个博弈方存在的有限博弈中，都至少存在一个纳什均衡。

这下问题似乎变得复杂了，就像图 3-12 的 IMF 救助博弈那样，我们在分析了之后没有发现纯策略的纳什定理存在。那为什么这个纳什定理却要说至少存在一个纳什均衡呢？这是因为我们到目前为止还没有正式介绍过博弈论中的另外一个新的词汇——**混合策略纳什均衡**（Mixed Strategy Nash Equilibrium）。虽然上面的博弈不存在纯策略纳什均衡，但是存在混合策略纳什均衡。经过纳什 1950 年的证明，一般来说，纯策略纳什均衡并不保证必然存在，但混合策略纳什均衡总是存在的。

这样一来，你应该就明白了，对于前述图 3-12 的 IMF 救助博弈，其实并不是没有纳什均衡，只是没有纯策略纳什均衡，但是它存在一个混合策略纳什均衡。实际上，纳什均衡包括纯策略纳什均衡和混合策略纳什均衡，而且混合策略纳什均衡是普遍存在的，纯策略纳什均衡只是混合策略纳什均衡的一种特例，就相当于参与者在混合策略之中百分之百地选择了某一种具体的策略而已。关于这个问题，我们将在下一章（第 4 章）里再作详细分析。

另外，我们要说的是，博弈论里还有一个奇数定理。它说的是：几乎所有有限博弈都有有限奇数个纳什均衡。比如，对于前文的"囚徒困境博弈"，就已经有一个纯策略纳什均衡（坦白，坦白），那么，根据这个奇数定理，在这个博弈中就不会再存在混合策略纳什均衡了，因为如果存在混合纳什均衡解的话，这个博弈的纳什均衡就有两个，不符合奇数定理。再比如，在图 3-4 的技术改造的博弈一中，（改造，改造）和（不改造，不改造）两组同时都是纳什均衡，这时就要考虑混合策略纳什均衡了。至于如何分析，请先不要着急，我们还是等到下一章再作详细解释吧。

其实，真正令我们甚至博弈论专家感到棘手的并不是一个博弈是否存在均衡，而是一个博弈可能有多个均衡。事实上，很多博弈都存在多个纳什均衡（包括纯策略纳什均衡和混合策略纳什均衡），有些博弈甚至有无穷多个纳什均衡。这就无形之中加重了我们进行决策的负担和难度。因为，当一个博弈有多个纳什均衡存在时，要所有参与者都能预测同一个纳什均衡的出现，并同时采取这个纳什均衡对应的行动，是非常困难的。即使大家都预测到了纳什均衡的存在，但是如果预测的不是同一个纳什均衡的话，实际上出现的博弈结果就不会是纳什均衡，而是非纳什均衡。在这里，我们只能说，纳什均衡是博弈参与者的一致预期，任何非纳什均衡都不可能是他们的一致预期。一般而言，如果一个参与者选择的空间越大，他的处境或许其实就越糟糕。所以呢，对于那些有多个纳什均衡存在的博弈而言，我们无法肯定地证明这个博弈均衡一定会出现。博弈决策中真正的难题就在这里。

❮❮❮ 小结

本章向大家讲述了一种如何让自己不后悔的博弈策略选择方式和策略结果，这个策略就是纳什均衡策略组合。所谓纳什均衡，就是指在对手所采取的策略下，博弈的各方对于自己有利的行动策略都不会感到后悔的策略。你自己或许不满意其他参与者选择的策略，但是你自己选择的策略是回应对手策略选择的最佳策略。这是一个很实用的博弈分析工具，因为它指出了博弈的结果在何时会稳定下来，而且没有人想改变或者主动改变自己的策略选择。对博弈的参与者而言，博弈所得结果的好坏不仅取决于自身的策略选择，同时也取决于对手的策略选择。所以，如果你的博弈策略选择不能和对手的策略形成一个稳定的策略组合，那么这个博弈结果就不会维持下去。从这一点上来讲，我们可以用纳什均衡来预测参与博弈的可能结果，可以用它帮助我们做出一些有益的决策，不管是在商场中的策略决策，还是社会交往中的一些决定，抑或是国际政治上的谋篇布局，等等。当然，你也要记住，纳什均衡不见得一定是一个，可能是多个同时存在。而且，即使没有出现纯策略纳什均衡的博弈，也会存在一种混合策略的纳什均衡。

⫷⫶ **基础练习**

一、根据优势策略下划线法找出以下博弈的所有纳什均衡。

（1）画出相应优势策略的下划线。

（2）给出最优的博弈结果。

🏠		2号厂商	
		X	Y
1号厂商	A	4 / 10	1 / 10
	B	4 / 7	1 / 7

图3-13　两家厂商的博弈一

🏠		2号厂商	
		X	Y
1号厂商	A	−1 / 1	1 / −1
	B	1 / −1	−1 / 1

图3-14　两家厂商的博弈二

🏠		2号厂商		
		W	X	Y
1号厂商	A	3 / 7	2 / 0	5 / 4
	B	6 / 8	2 / 2	5 / 0

图3-15　两家厂商的博弈三

二、请给出以下博弈的矩阵分析图，并解释你最优的策略。

假设你所在的公司现在的发展还可以，但是未来前景不容乐观，所以老板只能对一个人加薪。此时，如果在两位员工中有一位员工提出加薪的要求，老板会考虑为其加薪，并且不会为另一位员工加薪。但是假如这两个人一起提出加薪的要求，那么老板就会同时辞退两人。

第4章

混合策略：随机出招的决策

> 棒球百分之九十靠的是心智，其余才是体能。……当你方向不明时，务必小心谨慎，因为你有可能不能到达目的地。

> ——约吉·贝拉（Yogi Berra）

你 知道 http://www.worldrps.com 这个网站吗？或许你真的不知道，说实话，我以前也不清楚。但是你应该知道这样一幅场景：你和几个朋友相约在饭店吃饭，酒过三巡，你们按捺不住内心的激动和兴奋，卷起袖子，一定要通过游戏决定谁该喝酒了。然后，你们选择一种比较简单的方式开始了。"石头"，"剪刀"……"石头"，"布"，"我赢了，你喝"……对了，这就是我们非常熟悉的游戏"石头、剪刀、布"。

不知道从何时开始，西方世界忽然有了一批"石头、剪刀、布"迷，他们于 1842 年在加拿大多伦多成立了"世界剪刀石头布协会"，并在 1995 年推出了协会的网站 www.worldrps.com。据悉，该协会的会员共有 2 500 多人，主要来自北美、澳洲、英国、日本等，他们不定期聚会交流心得。协会的会长道格拉斯·沃克（Douglas Walker）和格雷姆·沃克（Graham Walker）兄弟专门写了一本《官方指南：石头剪刀布的策略》。在 2005 年，还有一部有关 2003 年多伦多"石头剪刀布世界冠军赛"的纪录片公开放映。

"石头、剪刀、布"夹杂太多心理因素，数学好未必可以赢，如果只是娱乐，过程中不会学到什么，但拿来比赛，可以学到如何观察别人心理、分析反应等相关能力。读者朋友们，你看到了吧，就这么简单的游戏，其中的玄秘还是很多的。因为它不仅成功地实现了五进制到三进制的转化，而且将相生相克的哲理蕴含其中。其实，整个游戏过程中都充满了"心理博弈"，单次的输赢可能更多地取决于运气，但是多次比赛的话，赢家一定是个心理博弈的高手。

我们就从"石头、剪刀、布"入手，开始本章的内容，将其背后的博弈内涵向大家说透彻，以便能够增加我们决策的效度。

❰❰❰ 石头、剪刀、布

"石头、剪刀、布"是一种简单的猜拳游戏。这个游戏最早起源于中国（目前西方尚无明确的历史记载），然后被传到日本、朝鲜等地，并伴随着亚欧贸易的不断发展而被传到了欧洲，到了近现代则开始逐渐风靡世界。"石头、剪刀、布"游戏有两个玩手，规则非常简单，几乎全世界的孩子都会玩。"布"包"石头"、"石头"砸"剪刀"、"剪刀"剪"布"。譬如，当一方出"石头"而另一方出"布"时，则后者就赢了前者。如果双方都选择相同的行动，则为平局。我想大多数人一分钟就能学会，但要学精通，我觉得要一辈子。

根据游戏规则，我们在图 4-1 中给出"石头、剪刀、布"的一种策略式表述。

根据前面我们讲的规则，如果甲选择"石头"，乙就不会选择"剪刀"；如果甲选择"剪刀"，乙就不会选择"布"；如果甲选择"布"，乙就不会选择"石头"；反过来，也是一样，因为两个人谁也不想输。很明显，对这个博弈的参与者而言，没有一个明显的优势策略，也没有明显的劣势策略。那我们该怎么做才能获胜呢？

甲\乙		乙		
		石头	剪刀	布
甲	石头	0 / 0	-1 / 1	1 / -1
	剪刀	1 / -1	0 / 0	-1 / 1
	布	-1 / 1	1 / -1	0 / 0

图4-1 "石头、剪刀、布"博弈

　　在实际中，我们进行"石头、剪刀、布"游戏时，就是要作出一种选择不让对方知道,而对方只能通过博弈结构分析出你选择的"倾向性"。即使你让对手知道，你有可能选择任何一个备选的策略，他也知道在你的备选策略中，你更愿意选取哪一个备选策略。

　　在这个游戏开始以前，你先要分析一下对手的出招偏好，如果对手是个比较倔强的人，那么他接连出同一招，比如接连出"石头"的概率就比较大。那么，在游戏中你就抓住他的这个弱点，最好的决策便是出"布"，你赢的概率也就比较大了。但是，我们都知道在实际生活中接连出同一招的人是很少的，也就是说在游戏中还刻意维持自己倔强性格的人是很少的，这时你要是学习了有关博弈技巧就可以发挥作用了。当然，事实上，我们很难甚至是无法猜出对手第一招出什么（除非你和他很熟，熟到能够摸清他的任何脾性），否则就不是游戏了，因为这种情况下我们总会赢，所以第一招就只能靠运气了。但是大多数人在游戏中都有出招的偏好，我们只要留心观察并记住对手喜欢出的招，比如"石头"，第一招你就出对手偏好的招数，比如"布"，你赢的概率仍然会大于1/2。如果在第一招时双方出现了平局，游戏就得以继续，你的博弈技巧在于第二招。平局的情况下，双方的第一招肯定是同样的，比如双方都出"石头",按照大多数人不连出同一招的假定,留给对手可出的第二招只有"布"和"剪刀",那么你只要出"剪刀"便可保证不败,如果对手第二招也出"剪刀",按照大多数人不连出同一招的假定,则留给对手第三招可出的只有"石头"和"布",只要第三招你出"布"便可保证不败。如此循环下去,你赢的概率将非常大。如果你不信,你可以试试看。闲暇时,我曾教我读小学的儿子玩这个游戏,尽管某一次我不一定能赢,但是很多次下来,我发现我能够赢他的概率是比较大的,毕竟他还小,没那么多心机。

比"石头、剪刀、布"简单的游戏还有。比如,在一般扑克牌中,都有红色和黑色两种颜色,最简单的玩法,就是随机地分发牌下去,两个玩家同时出牌,黑色的赢,红色的输,颜色相同则平局。类似的还有猜硬币的正反面。当然,比"石头、剪刀、布"复杂点儿的游戏也有,比如我们生活中另一个非常普及的游戏——杠子、老虎、鸡、虫。所不同的是可能的出招不是3个而是变成了4个。由于相生相克的逻辑,第一招出现平局的可能性也不仅局限于双方出同一招,比如"杠子"和"杠子",双方出不同的招也可能和局,比如出"老虎"和"虫",或者"杠子"和"鸡"。和前面的"石头、剪刀、布"一样,第一局出现平局的概率越大则越利于我们博弈技巧的发挥,因为我们通过这第一招,就能将优势发挥在第二招以及后面的招数里。这里举个例子,假如第一招平局,双方出的都是"老虎"和"老虎",或者对手出"老虎"而你出"虫",按照对手一般不连出同一招的假定,留给对手可能出的招数便为"杠子""虫""鸡"三者中的任何一个,那么第二招我们出"鸡",则赢的概率就比较大。假如第二招仍然是平局,则第三招我们仍出能被对手上一招所克的招数,赢的概率也就比较大。如此循环下去,你赢的概率将非常大。当然,如果别人比你掌握的博弈技巧更好,他赢你的机会也就相对较大。

所以,你要记着:要玩好游戏,就要学好博弈论;要过好生活,也要学好博弈论。当然,你还要为此了解一些心理知识,最主要的是你的出招应是随机的而不要形成自己出招的倾向性,更不要把自己出招的倾向性轻易暴露给对方。你读过《教父》吗？里面有教父维托·柯里昂（Vito Corleone）教训他大儿子的一句话，很经典，也值得你记住。他是这么说的："不要让别人知道你的想法。"你觉得这是不是很有意义呢？

⋰⋰ 不确定性与策略选择

我们在前面说了，在玩"石头、剪刀、布"或者其他类似游戏的时候，其实你并不知道对方到底要出什么招数，但是你可以通过一些细节判断出对方可能出某个招数的概率。这就像我们面对其他未知的事情一样，我们有时需要猜测，需要在不确定性条件下进行决策。

我们这个世界实质上是由无数个现实和可能的事件所构成，对于下一秒钟会发生什么，我们要看这些事件和我们认知之间的关系，这个关系就是概率，它刻画了随机事件发生可能性的大小。在这些事件之中，有一些是必然发生的事件，其概率值就为1，有些是不可能发生的事件，其概率为0。还有大量的充分不确定性的事件，也就是介于必然发生的事件和不可能发生的事件之间的事件，这也是我们关心的事情，其概率值在0到1之间。我们有时会说"对明天的面试，我有80%的把握可能被录取"，"今天晚上下雨的可能性有60%"，"后天的考试，我有信心，有90%的把握能通过"等等，都是概率的实例。即便你在玩"石头、剪刀、布"时，你出了一招"剪刀"，肯定是因为你预测到对方有至少50%以上的概率出"布"，否则你就会出"布"或"石头"了。

所谓**不确定性**，就是指经济行为者事先不能准确地知道自己某种决策的结果，或者说，只要经济行为主体的一种决策的可能结果不止一种，就会产生不确定性。因为这些事情，尚未发生，结果尚不可知，那么决策的结果明显地依赖于不能由决策者控制。事实上，很多时候，是我们做了决策之后才能知道事情的结果到底是什么。那我们该如何提高自己决策的效度呢？

在这里，我们长话短说，遇到此类问题时，我们可以使用最大期望收益法或使用最大期望效用法进行决策。**最大期望收益法**就是在事件结果不确定的情况下，应该选择给他带来"期望收益"最大的策略。所谓**期望收益**（效用），就是事件发生的各种可能性（概率）与发生之后可能实现的收益之间的乘积之和。假如某个事件 X 有 n 种可能的结果 U_1，U_2，…U_n 发生，每种结果发生的概率为 p_1，p_2，…p_n，那么，这个事件的期望收益（效用）就是 $EU(X) = U_1 \cdot p_1 + U_2 \cdot p_2 + \cdots + U_n \cdot p_n = \sum_{i=1}^{n} U_i \cdot p_i$。那么，如果某个人有多种不同的策略可以实施，而每种策略可能又面对着不同的结果，那么决策人只有选择期望收益（效用）最大的那个策略就是了。下面我们举一个博弈的例子来看一下如何应用这个方法。

假如有这样一个博弈，有甲和乙两个参与者，各自经营一家产品制造企业，为了市场份额的争夺，在价格定制问题上每个人有两种纯策略，甲的策略是（U，D），乙的策略是（L，R），因为本处目的的需要，不再详细解释这个博弈的内容，其博弈结果（收益）如图4-2所示。

图4-2 价格定制博弈

假设甲乙双方都知道自己在各个策略组合下的收益情况，但是并不知道对方的收益。这样一来，两方就要暗自权衡各自可能的组合情况。

如果甲根据收到的各种情报信息进行判断后，乙采取 R 策略的可能性为 p_R=0.4，采取 L 策略的可能性为 p_L=0.6，那么甲据此判断采取策略 U 时所获得的可能期望收益为 $EU (U)$ =0.6×2+0.4×3=2.4。甲采取策略 D 时所获得的可能期望收益为 $EU (D)$ =0.6×4+0.4×1=2.8。

那么，很显然，甲应该选择策略 D，因为 $EU (D) > EU (U)$。

如果乙根据收到的各种情报信息进行判断后，甲采取 U 策略的可能性为 p_U=0.3，采取 D 策略的可能性为 p_D=0.7，那么乙据此判断采取策略 L 时所获得的可能期望收益 $EU (L)$ =0.3×1+0.7×4=3.1。乙采取策略 R 时所获得的可能期望收益 $EU (R)$ =0.3×4+0.7×2=2.6。

那么，很显然，乙应该选择策略 L，因为 $EU (L) > EU (R)$。

这样一来，最终该博弈的结果就是 (D, L)，均衡的支付为 $(4, 4)$。

好了，讲到这里，你应该明白了，在决策者不知道博弈的另一方将采取的策略是什么的情况下，要使自己做好决策，就必须做好以下几步工作：

第一步，你要分析另一方采取各种策略的可能性，也就是概率大小；第二步，你要计算出自己各个策略下的期望收益（效用）；第三步，要比较这些期望收益（效用）值的大小，找出使期望效用最大的那个策略；第四步，采取使自己的期望收益（效用）最大的那个策略。

当然，这里面最重要的问题就是能够获悉对方采取何种策略较准确的可能性，这就需要你有各类可靠的信息来源并有效地加以信息处理了，否则一切都是白搭。就像司马懿被诸葛亮的空城计搞昏了头脑，对其中的可能性（概率）预测错误，最终失去了大好机会。

以上讲到的，就是一种不完全信息静态博弈。在该类博弈中，参与者同时行动，没有机会观察到别人的选择。给定其他参与者的策略选择，每个参与者的最优策略依赖于自己的类型。由于每个参与者仅仅知道其他参与者有关类型的分布概率，而不知道其真实类型，因而，他不可能知道其他参与者实际上会选择什么策略。但是，他能够正确地预测到其他参与者的选择与他自己有关类型之间的关系。因此，该参与者的决策目标就是：在给定自己类型以及给定其他参与者的类型与策略选择之间关系的条件下，使得自己的期望效用最大化。这时形成的一个纳什均衡，就称为**"贝叶斯纳什均衡"**，这是一种类型依赖型策略组合。

∴∴∴ 混合博弈

从第 1 章开始，我们举的一些例子中，都有一个均衡的纯策略存在，比如囚徒困境就有（坦白，坦白）这样一个纯策略，也就是说，参与者对某个策略有一个确定的或者是明确的选择。但是，本章开头谈到的"石头、剪刀、布"博弈就很显然没有这样一个纯策略，玩家的每一次出招都有可能被对方破解掉。换句话说，游戏的玩家或者博弈参与者不会固守着一个出招方式，都是随机地选择自己的出招，那么是否这个（或者这类）博弈不存在均衡呢？

我们先来举一个例子。我们还记得小时候为了打赌或者为了好玩，去猜测硬币的正反面吗？假如有两个小孩子小青和小白，他们手里各拿着一枚硬币，他们确定的游戏规则是：他们俩同时抛出手中的硬币，如果两枚硬币同时以相同的一面出现，则小青付给小白一毛钱；否则，小白付给小青一毛钱。对于这个游戏，如果两枚硬币都是正面或者都是反面，小白就赢了；如果一个是正面一个是反面，小青就赢了。我们将这个游戏表述如下图 4-3 所示。

	小白	
	正面	反面
小青 正面	-1, 1	1, -1
小青 反面	1, -1	-1, 1

图4-3　抛硬币博弈

在这个游戏里，每一个博弈的参与人都有两个策略，那么组合起来，自然就有四种策略组合。根据我们前面讲的分析规则，这个博弈不存在均衡的纯策略组合，四个组合都不是纯策略的纳什均衡。还记得我们前面说的，所谓的均衡，就是"谁先单方面改变策略都没有好处"。在这个博弈中，如果小青抛出的是正面，而小白抛的也是正面，那么所形成的（正面，正面）的结果就让小白赢了。但是，面对着结果，小青是不满意的，如果他单独改变了策略，抛出的是反面，那么新的结果（反面，正面）就会让小青转输为赢，他的获益也就从 -1 变为了 1。其他三个结果都一样，所代表的也都不是一个均衡的博弈策略。

很显然，综合分析四个策略组合之后，我们可以发现，这个博弈并没有一个均衡的策略组合，也就都不是纯策略纳什均衡，是不是这个博弈就没有纳什均衡了呢？你是否还记得，在第 3 章讲述纳什均衡时，纳什定理就明确指出：在一个有限的博弈中，至少存在一个纳什均衡。那是否存在一个均衡不是以纯策略出现的呢？

带着这个问题，我们来对上述博弈进行一个新的分析。对于小青而言，他只有两种策略，抛出正面或者抛出反面，这是两个纯策略，但是他为了不让小白知道自己的想法，会随机地选择抛出正面或者反面，我们假设他以 p 的概率抛出正面，那么他抛出反面的概率就是 $1-p$，这就是他抛出正面和反面的**混合策略**（Mixed Strategy），即 $(p, 1-p)$。较为正式的定义是：

如果在每个给定信息下，参与者只能以某种概率选择不同的策略，就称为混合策略。换句话说，所谓混合策略，不是参与者纯粹地选择什么策略，而是随机地，或者说是以百分之多少的概率选择某一个策略。在这个例子中，小青可以选择正面，也可以选择反面，但这两种随机选择的概率之和一定为1。如果小青选择以 50% 的概率出正面，就会有 50% 的概率抛出反面；如果小青选择以 30% 的概率出正面，就会有 70% 的概率抛出反面。

同样地，我们也可以让小白选择混合策略 $(q, 1-q)$，就是说他以 q 的概率选择抛出正面，以 $1-q$ 的概率选择抛出反面。相信，这个解释应该很好理解吧。这里的每一个博弈参与者只有两个策略，所以其混合策略也只有两个，以某一个概率选择抛出正面，便以剩余的概率选择抛出反面，即混合策略表示为 $(p, 1-p)$ 和 $(q, 1-q)$。很显然，如果要是存在纯策略的话，也就相当于参与人以 100% 的概率选择某个策略，那么只要是 p 或者 q 等于 0 不就行了吗？言外之意，其实我们可以用混合策略表示出所有的可选择策略。这个博弈矩阵如图 4-4 所示。

		小白	
		正面 q	反面 $1-q$
小青	正面 p	1 -1	-1 1
	反面 $1-p$	-1 1	1 -1

图4-4　抛硬币博弈的混合策略

对于这个问题怎么求解呢？为了解决这个问题，我们要再说明一下，对前面讲过的那些纯策略的支付或者收益，我们是用效用来表示的，但是对于混合策略的收益或者支付就不能这样表示了，而只能以预期效用来表示。因为这是一个不确定条件下的概率问题，就像你辛苦一年种的庄稼到收割时，是遇到好天气还是遇到坏天气一样的道理。你只能计算出期望的收益。

我们可以采取以下简单的逻辑思想来处理混合策略的求解。小青知道小白以 q 的概率选择抛正面，以 $1-q$ 的概率选择抛出反面，那么小青自己选择抛正面还是抛反面的预期收益是没有差别的。这个思路是很简单的，也是很容易理解的。因为小青在和小白博弈时，是要观察小白选择策略的倾向性的，如果小白以较大的概率选择抛正面，小青选择抛反面自然就会有更大的机会赢，如果小白以较小的概率选择抛正面，小青选择抛正面就会有更大的机会赢。如果小白正好选择以某个概率抛正面，小青选择抛正面还是反面就没有差别了。

这种方法，我们称为**支付均等法**（Payoff-equating），当一个参与者在均衡中应用一个混合策略时，他所得到的支付必须与他在混合策略中所应用的每一个纯策略的支付相同。这也是参与者对另一个参与者出招的一种最优反应。对上面这个博弈而言，给定小白的随机策略 $(q, 1-q)$，小青选择正面和选择反面获得的收益是相等的，即 $U_{正面} = U_{反面}$；给定小青的随机策略 $(p, 1-p)$，小白选择正面和选择反面获得的收益是相等的，即 $V_{正面} = V_{反面}$。这样就会形成一组方程，可以解出我们想得到的混合策略均衡，也就是参与者的概率选择。

那么，当小白以 q 的概率选择抛正面，以 $1-q$ 的概率选择抛出反面时，小青选择正面的预期收益为 $U_{正面} = (-1) \cdot q + 1 \cdot (1-q)$，小青选择反面的预期收益为 $U_{反面} = 1 \cdot q + (-1) \cdot (1-q)$。而且二者是没有差别的，则我们可以就此得到这样一个方程：$U_{正面} = U_{反面}$，即 $(-1) \cdot q + 1 \cdot (1-q) = 1 \cdot q + (-1) \cdot (1-q)$，由此得到 $q = 1/2$。就是说，小白会以 50% 的概率选择抛出正面，以 50% 的概率选择抛出反面。

同样地，小白知道小青以 p 的概率选择抛正面，以 $1-p$ 的概率选择抛出反面，那么小白自己选择抛正面还是抛反面的预期收益也是没有差别的。其中的道理是一样的。那么也就有小白选择正面的预期收益为 $V_{正面} = 1 \cdot p + (-1) \cdot (1-p)$，小白选择反面的预期收益为 $V_{反面} =$

$(-1)\cdot p+1\cdot(1-p)$。可以解出 $p=1/2$。这就告诉我们，小青也会以 50%
的概率选择抛出正面，以 50% 的概率选择抛出反面。

这样一个结果告诉我们，如果这两个博弈的参与者都以相同的概率
选择出招的话，就会形成一个纳什均衡，而且是一个混合策略的纳什均
衡。只要两个人选择抛出正面和反面的概率不同，就不会形成均衡。这
其实很好理解，符合我们的直觉，因为这里只有两个纯策略，要么正面
要么反面，要是不想被对方看出自己的倾向性，那就只有一半对一半地
在两个策略中选择出招，否则就会被别人抓住机会。

这个抛硬币的游戏或者说博弈看起来比较简单。如果我们回到第 1
章，把田忌赛马的故事再搬回来，那么田忌或者孙膑的胜算是多少呢？
我们还是先把这个博弈表达如图 4-5 所示。

		田忌					
		上中下	上下中	中上下	中下上	下上中	下中上
齐威王	上中下	3 / −3	1 / −1	1 / −1	1 / −1	−1 / 1	1 / −1
	上下中	1 / −1	3 / −3	1 / −1	1 / −1	1 / −1	−1 / 1
	中上下	1 / −1	−1 / −1	3 / −3	1 / −1	1 / −1	1 / −1
	中下上	−1 / 1	1 / 1	1 / −1	3 / −3	1 / −1	1 / −1
	下上中	1 / −1	−1 / −1	1 / −1	−1 / 1	3 / −3	1 / −1
	下中上	1 / −1	1 / −1	−1 / 1	1 / −1	1 / −1	3 / −3

图4-5 田忌赛马博弈

在这个赛马游戏中，要么是输要么是赢，这也是一个零和博弈。如果我们假设齐威王的期望收益为 1，那么就可得田忌的期望收益为 –1。所以，如果我们不假定齐威王的智商低于田忌或者孙膑，则在此均衡中齐威王平均看来在一次赛马中会赢田忌一千金，这是因为齐威王的三匹马略胜田忌的三匹马一筹，也就是齐威王具有绝对优势的缘故。既然两个人的智力相当，那么齐威王也就不会固守着"上中下"一种出场顺序，不论是齐威王还是田忌都有 6 种纯策略（也就是 6 种赛马的出场顺序）可以选择：上中下、上下中、中上下、中下上、下上中、下中上。这样一来，就应该有如上图所示的 36 种策略组合。

好了，如果你有兴趣，不妨按照我上面刚刚说的方法，来计算一下。假设田忌以 θ_1、θ_2、θ_3、θ_4、θ_5、$1-\theta_1-\theta_2-\theta_3-\theta_4-\theta_5$ 的概率选择上述策略，齐威王以 β_1、β_2、β_3、β_4、β_5、$1-\beta_1-\beta_2-\beta_3-\beta_4-\beta_5$ 的概率选择上述策略，这就形成了一组混合策略。同样可以计算出来，$\theta_1=\theta_2=\theta_3=\theta_4=\theta_5=1/6$，$\beta_1=\beta_2=\beta_3=\beta_4=\beta_5=1/6$。也就是说，齐威王和田忌都会选择以 1/6 的混合策略按照上中下、上下中、中上下、中下上、下上中、下中上六个出场顺序安排赛事。而按照这个顺序的话，双方赛马的出场都是随机的，双方同时派出赛马，那么齐威王就有 5/6 的机会获胜，而田忌只有 1/6 的机会赢齐威王。

其实，对于"石头、剪刀、布"这个简单的游戏而言，也是一样，双方都只有三个纯策略，即石头、剪刀和布，但是玩家双方都不想让对方知道自己的策略，只能随机地选择混合策略，我们一样可以知道游戏双方都会以 1/3 的概率在"石头、剪刀、布"中作出招选择。否则，一旦你在三个纯策略间的出招不是等于 1/3，你就会留下倾向性，也会被对方抓住机会，你也就会失掉比赛。

请读者朋友们记住，如果真的要做到"不要让别人知道你的想法"，在进行此类博弈对决时，你只有选择混合策略，随机出招才能不被对方钻空子。而你如果要获胜，也只有抓住机会看对方是否偏离了他自己的混合策略纳什均衡。

◇◇◇◇ 华容道之谜

在三国演义中有一个很有名的故事，就是"华容道关羽释曹操"，取自于《三国演义》第五十回"诸葛亮智算华容，关云长义释曹操"。在小说里，即使和孔明签了军令状，关云长也难忘旧恩，义薄云天。因此，这个故事既成全了关羽的仁义，又改变了整个事态的发展。那是在赤壁大战后，曹操的八十万大军被孙刘联军通过火攻而全线溃败，最后曹操只好化装成士兵与残兵败将一起落荒而逃。当时，诸葛亮派关羽领兵阻截曹兵，而曹操只有两条路可走，一条路是华容道，一条是旁边的大道。关羽也可从中任选一条道路设下伏兵以捉拿曹操。因为博弈的需要，我们假定诸葛亮与曹操之间也没有智力上的差别，都一样聪明。下面我们将这个故事所衍生的博弈描述如图4-6。

		曹操	
		华容道	其他路
关羽	华容道	2 \ -2	-2 \ 3
	其他路	-2 \ 1	2 \ -1

图4-6　华容道博弈

如果关羽将全部兵力埋伏在华容道，而曹操也刚好选择走这条路，那么刚好被抓住（事实上，故事里的曹操被关羽放了，这个我们不再提），为此，关羽获得 2 单位支付，而曹操有 -2 单位支付。当关羽在华容道设防时，曹操如果选择走其他路，则会避开关羽的埋伏。此时，关羽因为在出兵之前已经与诸葛亮立下了军令状，如果他不能抓住曹操，回去后会甘愿受到军事惩罚，所以关羽在抓不住曹操情况下的预期支付毫无疑问就是负值（当然，故事里的关羽放走了曹操之后，经刘备向诸葛亮争取来的特赦并未受到惩罚，我们也不再提），为 -2 单位；而曹操因为走大路会心情比较愉悦，逃离得也比较顺畅，获得 3 单位的支付。

如果关羽将全部兵力埋伏在旁边的大道，而曹操也刚好选择走这条路，那么关羽守株待兔式抓住了曹操，获得了 2 单位支付；而曹操虽然走大路心情比较愉悦，但是毕竟被抓，最后获得 -1 单位支付。当然，如果当关羽在大道上设防时，曹操选择走华容道，尽管行进比较艰难，但是依然会逃脱，最终获得 1 单位支付；而关羽则因为没有抓住曹操而被惩罚，获得 -2 单位支付。

那么，这个博弈中，最终的结果是什么呢？曹操也好，关羽也罢，我们假设两个人都是一样聪明的人，曹操不会轻易地被关羽抓住，关羽也不会轻易地抓住曹操。也就是说，倘若关羽选择了设伏华容道，曹操将选择从另外一条路逃跑；如果曹操选择另外一条路逃跑，关羽就不会选择在华容道而是在另外一条路设伏以便能够截住曹操。因此，在这个博弈中，不存在一个明确的策略以使得该策略是对对方的最优反应。根据我们前面说的，这里必然有一个混合策略纳什均衡存在。那我们再来分析一下。

假设关羽在华容道设伏的概率为 p，在旁边的另外一条道设伏的概率为 $1-p$，这就是关羽的一个混合策略 $(p, 1-p)$。也假设曹操经过华容道逃离的概率为 q，从另外一条道逃离的概率为 $1-q$，这也是曹操的一个混合策略 $(q, 1-q)$。

		曹操	
		华容道 q	其他路 $1-q$
关羽	华容道 p	2 -2	-2 3
	其他路 $1-p$	-2 1	2 -1

图4-7 华容道博弈的混合策略

对关羽而言，如果他知道曹操的混合策略是 $(q, 1-q)$，那么他选择在华容道设伏还是在另外一条道设伏的预期收益是一样的，没有差别。所以，$U_{华容道} = U_{其他路}$，即 $2 \cdot q + (-2) \cdot (1-q) = (-2) \cdot q + 2 \cdot (1-q)$，可以得到 $q=1/2$。这就说明，曹操的混合策略是 $(1/2, 1/2)$，即一半的概率选择走华容道，一半的概率选择走另外一条路。因此，关羽在选择如何设防时，他对曹操的最优反应就是当 $q>1/2$ 时选择设伏华容道，当 $q<1/2$ 选择设伏在另外一条路；当 $q=1/2$ 时在两条道路之中设伏是无差异的。

对于曹操而言，如果他知道关羽的混合策略是 $(p, 1-p)$，那么他选择从华容道逃离还是从另外一条道逃离的预期收益是一样的，没有差别。所以，$V_{华容道} = V_{其他路}$，即 $(-2) \cdot p + 1 \cdot (1-p) = 3 \cdot p + (-1) \cdot (1-p)$，可以得到 $p=2/7$。这就说明，关羽的混合策略是 $(2/7, 5/7)$，即 2/7 的概率选择设伏华容道，5/7 的概率选择设伏在另外一条路上。因此，曹操在选择如何逃离时，他对关羽的最优反应就是当 $p<2/7$ 时选择走华容道，当 $p>2/7$ 选择走另外一条路；当 $p=2/7$ 时在两条道路之间无差异。

我们肯定还是要问，关羽抓住曹操的概率是多少呢？只有当（华容道，华容道）（其他路，其他路）这个策略组合发生时，曹操才会被关羽抓住，在这个博弈的混合策略的纳什均衡下，有 $p \cdot q + (1-p)(1-q)$ $=2/7 \times 1/2 + (1-2/7) \times (1-1/2) = 1/2$。也就是说，曹操有 50% 的概率被关羽抓住。所以，《三国演义》中关羽还真不一定能够抓住曹操，而曹操的胜利大逃亡也就不一定是关羽的"义释"，诸葛亮夜观天象料定曹操必定不会就此被抓住或者被杀死更是子虚乌有了。

说到这里，我想起了在一场体育比赛中出现的情况与华容道类似。如果你是球迷，你一定还记得在德国柏林进行的 2006 年第 18 届世界杯足球赛的决赛，法国队与意大利队在 120 分钟内战成 1∶1，在随后进行的点球大战中，意大利队 5 射 5 中，而法国队则 5 射 3 中，最终意大利队以总比分 6∶4 夺冠。可见，在这场全球瞩目的足球比赛中，结果就取决于随意性很强的点球大战。点球实际上就是一种博弈，是守门员与发球者之间的一种混合策略博弈。守门员的防守和发球者的攻击之间，不正类似于关羽的捉和曹操的逃之间的博弈吗？在这样的点球比赛时，我们可以将球门分成左中右三个部分，守门员的动作便可以简化为向左扑球、向中间扑球、向右扑球，发球员的行动则可以简化为向左射门、向中间射门与向右射门。为简单起见，我们假设只要在方向一致的情况下，足球就会被守门员扑出来，否则便被踢进。这个博弈可以表述为如图4-8所示。

⚽		守门员		
		向左扑	向中间扑	向右扑
发球者	向左射	1 -1	-1 1	-1 1
	向中间射	-1 1	1 -1	-1 1
	向右射	-1 1	-1 1	1 -1

图4-8　点球博弈

　　根据上面谈到的最优反应方程，我们可以比较容易地计算出，当达到混合策略纳什均衡时，如果在完全随机的状态下，守门员向左扑球、向中间扑球、向右扑球的概率是相等的，都是1/3，发球者向左射门、向中间射门与向右射门的概率也是相等的1/3。所以，此时发球者的期望值为（1+1-1）/3=1/3，守门员的期望值为（1-1-1）/3= -1/3。实际情况也正是如此，在足球比赛发或者罚点球时，一般而言都是进球多，失球少。这虽然看似不公平，但是让双方互发5个球，则在机制上就成为公平的了。如果一方球员犯规而被裁定罚点球，那自然更是一种为了比赛公平而作的惩罚。

∷∷∷ 社会福利困局

2005 年 9 月初，一则来自于英国《太阳报》的新闻引起了英国乃至全球爆炸性的思考。说的是该报记者经过一番调查后发现，一名常年失业在家的懒汉，时年 47 岁的英国男子约翰·沃克，仅靠政府救济竟同时养活了 4 个老婆和 4 个情人以及她们为他所生的 11 个孩子！据悉，沃克及其一家人迄今已经花了英国政府 250 万英镑救济金。这的确令人惊讶，尽管分文不挣，沃克的生活却过得挺滋润：他住在政府为他提供的一套 3 层楼房中，周围还有一大片草坪供孩子们骑自行车玩耍。沃克也因此被《太阳报》封为英国"头号寄生虫"。许多民众都对政府把这么多救济金发给一个懒汉表示不满。这当然也引起英国政府反思历届政府的政策是否有失误，也逐步意识到，沉重的社会福利负担和严重的失业现象是长期以来制约英国经济发展和诱发社会矛盾的两大主要因素。为了使英国经济持续平稳增长和创造充分的就业机会，英国政府开始着手改革其经济和社会福利制度。

其实，早在撒切尔夫人担任英国首相时，就曾致力于推动英国政府改革社会保障制度，其指导思想是福利不能全部靠国家恩赐。她说："任何一种把福利国家当作护身符的指望都是危险的"，"个人必须负起自己应负的责任"，"不要靠国家照顾个人，而是应该自己照顾自己"，"16 岁的孩子一走出校门，就跨进社会保障的乐园，只能学会一种什么也学不会的生活。"实质上，撒切尔夫人的思路就是要维护效率的严肃性，不能因为国家提供了"从摇篮到坟墓的保障机制"就使得生产生活效率下降。

从上面的现象中我们可以看到，本意良好的社会福利制度却在现实中遭遇到了滑铁卢，并不是政府层面的不作为，而是被救助者的"道德风险"[①]（关于这一点，我们在后面第 10 章中还会详细介绍）。下面我们就上述问题建立一个博弈分析框架，它主要描述的是政府实施公共福利政策时会遇到的激励

---

① 道德风险（Moral Hazard），也称道德危机，是指参与合同的一方所面临的对方可能改变行为而损害到本方利益的风险。

问题，例如当政府对失业者进行救济时可能会激励失业者不再愿意努力
寻找工作。具体如图 4-9 所示。

		失业者	
		找工作	不找工作
政府	救济	2 　3	3 -1
	不救济	1 -1	0 　0

图4-9　社会福利博弈模型

在这个博弈中，政府和失业者都有两个纯策略，分别是救济和不救
济、找工作和不找工作。如果政府选择对失业者进行救济，而失业者也
在接受了救助后继续努力寻找工作的话，博弈的结果为（3，2）；如果
政府选择对失业者进行救济，而失业者在接受了救助后不愿意努力寻找
工作的话，博弈的结果为（-1，3）；如果政府选择对失业者不进行救济，
而失业者愿意努力寻找工作的话，博弈的结果为（-1，1）；如果政府
选择对失业者不进行救济，而失业者也不愿意努力寻找工作的话，这个
博弈的结果自然为（0，0）。

据此，我们可以看到，如果政府选择救济失业者，那么失业者的最
优选择是不工作而四处游荡；如果失业者四处游荡，政府的最优选择是
不对他进行救济；如果政府不救济，失业者的最好还是去寻找工作，否
则没饭吃；如果失业者去寻找工作，政府最优策略是对他进行救济，帮
助他早日找到工作，为社会作贡献；如果政府救济了，失业者已经能生
存，最舒服还是放弃工作四处悠哉乐哉……反复循环，没有终止。也就
是说这个博弈不存在纯策略纳什均衡。

那么我们假设政府以（p，$1-p$）的混合策略选择救济还是不救济，
失业者以（q，$1-q$）的混合策略选择找工作还是不找工作。我们根据前
面提到的分析方法，可以很快得到政府的混合策略为（1/2，1/2），失业

者的混合策略为（1/5，4/5）。也就是说，政府会有一半的概率选择对失业者进行救济，而失业者则不同，他会对此进行考虑，所以有 1/5 的概率进行努力找工作，还有 4/5 的概率不愿意找工作，就坐享政府的救济。值得说明的是，这个结果是针对以上的博弈假设而得出来的，并不就意味着政府和失业者之间只有这个简单的选择。

所以，在对这个模型分析之后，我们还可以继续讨论为什么失业者得到政府救济后就不愿继续工作？为什么享受了生活补助的下岗职工还在拼命寻找工作？为什么领取了助学金的大学生还要兼职？政府的招商引资优惠政策能不能真正鼓励投资者励精图治？……这些是很深层次的事情了。"高福利政策会使劳动者滋生依赖、懒惰情绪，加大摩擦性失业率"，"过多地提供补贴，将对解决下岗职工再就业问题和失业率过高的状况极为不利"是不是不必要的担忧呢？

其实，上述社会福利的博弈模型必须满足一些前提条件才能够成立，比如：政府和失业者都是理性的，政府选择策略的原则是社会福利最大化，失业者的原则是自身利益最大化；如果失业者在政府资助下转变为劳动者，他们能创造的预期社会福利将大于政府救济他们所花的耗费，从而政府的行动将使社会总福利增加；失业者自己的能力不足以顺利找到工作，如果他们在努力找工作的时候政府不及时对他们进行救济就会因为他们找不到工作而无法增加本来应该增加的社会总福利；失业者是珍惜生命的正常人，当经济窘迫危及生存的时候他们会尽最大力量去赚钱；政府的救济能够满足失业者的基本生活需求，否则即使在政府对失业者救济的情况下失业者也必须寻找工作，不找工作他们就会被饿死；失业者是得过且过，没有雄心壮志，对马斯洛需求层次理论中的自我实现等较高层次需求欲望很弱甚至完全没有的人；考虑到政府救济一般都很少，只能供被救济者勉强维持生存的现实，失业者还必须是不太看重物质享受，而是更看重悠闲的人。你想想看，如果这些条件不能成立，那么，这个博弈就很可能出现纯策略均衡，也就改变了这个博弈的意义了。

从另外一个层面看，以上博弈结果对于英国这类社会福利制度健全、经济发展水平较高的国家而言，是有现实意义的，但是对于我国呢？情况未必如此。因为，现阶段我国居民的物质生活水平还很低，而且贫富极不均衡，绝大多数人处于不满足状态，下岗职工更是整日为生计而犯愁，相当长的时期内，政府能够提供的保障措施仅仅只能维持他们最简单的生活。在这种状况下，他们既不是对较高层次需求欲望很弱甚至完全没有的人，也不可能不看重物质享受。所以，我们上面所说的这个博弈困局可能并不会出现，而政府反倒更应该尽最大力量改善失业者的生活水平，而不用过多担心助长懒惰，起码现阶段不用担心。

先放下这个问题不谈，但是另外有一个问题值得我们思考了。不知从何时起，社会上多了一个称呼，叫做"啃老族"，这个群体也被称为"吃老族"或"傍老族"①。这个群体大概有两类：一类是他们年龄不大，可能大学刚毕业，也并非是找不到工作，而是他们（不知道受了什么影响）主动放弃了就业的机会，待业在家，这样一来，不仅衣食住行全靠父母，而且日常花销往往也不菲。另一类是虽然参加了工作，但是工资收入却不足以支撑自己的生活开支，比如房子、车子等的支付还得靠父母供养的年轻人。社会学家将这一族称之为"新失业群体"。

为什么这里要提这个问题呢，是因为还存在着与上述博弈内涵基本一致的困局。父母可以选择是否救助子女，而父母给了正在啃老的子女救助之后，这些子女却可以选择是继续啃老，还是努力改变现状。但是在中国，有一句话叫做"可怜天下父母心"啊，这里面却带出了一些问题，那就是父母基本上都不会不管自己的孩子，一般只要有能力（甚至没能力的也会创造能力）都会选择救助，这样一来，为人子女者（符合理性人假定的）知道父母的这个选择之后，一般就会选择继续啃老，因为对他而言这才是最优的策略啊，这个结果就不是混合博弈了，而出现了纯策略组合。如果父母和子女都是足够理性的经济人，这个博弈一般还是混合策略博弈，还会存在混合策略纳什均衡。

① 在西方国家，这类人群被称为NEET，其全称是"Not currently engaged in Employment, Education or Training"，意指一些不升学、不就业、不进修或参加就业辅导，终日无所事事的族群。

∵∵∵ 正确选择混合策略

在日常生活及经营管理中，只要涉及这类混合博弈问题，我们都会有输有赢，有兴奋有失意，就像我们提到的足球比赛罚点球一样。这就说明我们有时选择的策略有失偏颇，不是最佳的或者不是均衡的策略，那么该如何正确选择混合策略呢？以下几点或许对你有帮助。

第一点，避免在随机中有规律性。如果问你，怎么随机行动？你可能会说，什么都不要想，随意出招。但是你会做到什么都不想吗？很显然，你不会。因为你在出招时会思考对手的出招，看对手是否有规律性可循。同样，对手也在这么思考你的行动。所以，随机这玩意说起来容易，做起来太难了。举个例子，你若是买彩票，本期开出来一组号码，你还会在下一期买这个号码吗？你不会，因为直觉告诉你，开过的号码不可能再开一次啊。但是从理论上讲，上期开过的中奖号码在下一期再次开出的机会和其他号码开出来是相等的。好比你在乒乓球比赛中尽量不让对手看出来你的发球方向，但是由于性格使然，你难免还是要出现某种方向或者打法的偏好。有时候，这就是所谓的"过犹不及"，无意识地就会暴露自己的信息。那么，为了避免让我们自己落入这个随机性里加入规律性这么一个怪圈，我们就有必要找出一个机制——就好比我们有一个随机数字发生器——可以很好地实现一个客观的无规律性的随机行动。记住，你的行动方针就是让对手对你的行动不可预测。那么如果我们弄个轮盘，上面写上 0 到 9 的数字，随手转动，并扔出飞镖，奇数就选择这个策略，偶数就选择那个策略，你觉得如何？

第二点，不要依赖对手的随机性。根据我们前面的分析，可以知道，假如一个参与者选择的是他自己的混合策略，那么，无论对手采取什么样的策略，他自己的成功概率都是一样的。作为同样理性的参与者，除非你自己选择的是自己的最佳混合策略，否则你的对手就没有动机选择他自己的最佳混合策略。所以，你不能因为自以为对手在实施最佳的混合策略，就随意地选择自己的行动，如果这样的话，到头来失利的很可能就是你自己。因为对手也在盯着你，希望从你的行动中找到蛛丝马迹，可以发现你的倾向性，从而择机对你使出可以克制你的招数。就像在乒乓球比赛中，你选择向对手的正手方抽杀，他就会转向攻击你的反手方。你之所以要使用自己的最佳混合策略，就是要迫使对方用他的最佳混合策略。另外，你要记住，除非你的对手很傻，否则你也不要很天真，你从对手的随机性行动中可能得出一些他想故意隐藏的动机，而这个判断也许恰恰正是对你自己不利的，把你自己套进去也未必。因为你能怎么对别人，别人也会怎么对你。所以在你试图相信从对手那里获得信息时，要再多出一点思考，不要完全依赖对手的随机性，因为下一步的行动才是决定你的收益甚至命运的一步。

第三点，做一个独一无二的自己。在这要向大家说的可能是你自己都感到吃惊的办法，对，我们想要的效果就是这样。如果你想让对手大吃一惊，其实你自己应该让自己也大吃一惊。假如你和对手有很多次交锋，那么你或者他都有很多次机会去观察对方的行动是否有明显的倾向性，以便从中找出规律，并采取相应的行动。这就是说你要避免被对方占便宜，而坚持自己的最佳混合策略。但是如果你和对手只有将要到来的一次交锋，你根本没有机会去发现什么蛛丝马迹，那该怎么办呢？你应该给自己充分的时间来思考这样的问题，如果你能思考的比对方多一点点，就好比在围棋对弈的时候，你要默默地计算出比对手多出一子的招数，你就可能会赢了这场比赛，不是吗？你要结合各种信息，找出这样一个决策：就算对手知道了你选择某种策略的比例，也不能从中得到好处，这就是我们说的均衡的混合策略。什么样的策略才是令自己和对手都"大吃一惊"的策略呢？其实就是避免形成固定模式的、又不容易让对手预测自己行动的冒险策略(当然，你要记住，冒险是有失败危险的，稍有不慎就会损失惨重)。就好比，诸葛亮在遭遇司马懿大兵压城的时候，临危不乱，充分分析考虑了司马懿的性格特点和军事经历，使出了一个千古奇谋——空城计，这就让司马懿很吃惊，其实诸葛亮心里又何尝不吃惊呢？

第四点，先发制人以便抢占先机。我们讲的混合策略博弈，无非就是要透过我们的预测做出一个对自己有利的决策，从而实现自己最佳的收益。而我们能做的只有正确预测对手的策略选择，或者较大概率地正确预测对手的行动。如果我们能够从随机的行动中发现偶然事件，并毫不犹豫地利用它，俗话说先下手为强嘛，那么我们就可能成功。本章的开头，我们谈到了有两个经营产品制造的企业甲和乙为了争夺市场份额而在价格定制上需要混合策略博弈。试想一下，如果乙因为不知道甲的策略选择，一直在踌躇是选择 L 还是选择 R 策略，而甲也一样。为了避免最后的不利结局，甲何不先发制人，直接选择 D 策略呢？这样就可以逼迫乙选择 L 策略。我们举一个例子，时下的商场都比较流行为消费者提供折扣券，目的无非是想诱导客户，既能维持老客户，又能吸引来新客户。但是，如果排除了市场营销竞相攻击选择的话，竞争对手之间应该只有一家提供折扣券才是最好的选择，否则容易造成两败俱伤，充其量也就是开展了一场价格大战而已。这样的话，市场上的竞争对手最好办法就是轮流提供折扣券。那么，你就可以预测到对手即将提供折扣券的前夕，先发制人地启动自己的折扣券计划，抢占先机，这个先机是什么呢？就是你的最佳混合策略。有消息称，可口可乐和百事可乐两家公司之间就"默契"地在 52 个星期里各自发行了 26 期折扣券，而没有出现同时提供折扣券的情况。

第五点，虚虚实实以便出人意料。《孙子兵法》的《虚实》篇中有这样的一句话"故善攻者，敌不知其所守；善守者，敌不知其所攻。微乎微乎，至于无形；神乎神乎，至于无声，故能为敌之司命。"，意思就是：善于进攻的人，能使敌人不知如何防守；善于防守的人，则能使敌人不知如何进攻。真微妙啊，微妙得看不见形迹；真神秘啊，神秘到听不到声息。正因如此，所以才能成为敌人命运的主宰者。具体到我们的博弈活动中，一方面，你要能够懂得运用一些辅助性的策略，让对手不敢忽略你，比如我们谈到的税收监督博弈，作为监管方的税务当局可以通过报纸或者有关媒体宣扬加大对税收检查监督的报道，以让纳税人潜意识地以为税务机关不会漏过对自己企业的检查，那么，就达到了不花成本监督但纳税人也不会逃税的效果。另一方面，你应该时刻树立一种策略意识，要做一个出色的策略家，懂得在无关紧要的时候装出只会采取很糟糕的策略的傻样，也就是不采取自己的最佳混合策略，目的是引诱对方上当，让对方跟着你的策略走，并逐渐暴露自己的策略选择的弱点和倾向性，这样你可以在关键时刻出其不意，回归本色，运用自己的均衡混合策略，使出撒手锏，将对方一举击溃。这也就是所谓的兵不厌诈。就像孙膑与庞涓对阵时，为了迷惑庞涓，而采取逐渐减灶的办法，以诱使庞涓以为孙膑的军队是穷途末路而不断深入对方早已设好的包围圈，最后被彻底一举歼灭。也许你可以从中体会到"声东击西""乱中求胜"这样的策略蕴含的价值了吧。

∵∵∵ 小结

本章通过"石头、剪刀、布"这样一个简单的游戏，告诉了你关于在某些博弈中存在混合策略的问题，也阐明了如何寻找混合策略纳什均衡。透过这些混合策略博弈，你起码应该明白：当我们无法获知对手的意图的情况下，我们所能够采取的最好方法就是混合策略，就是尽量以随机的顺序来出石头、剪刀、布这样的招数，使每一次出招时的概率均衡或者说是相等。除此以外，你还要明白：每个参与者其实并不在意自己在均衡时选择的具体策略到底是什么。一旦有必要采取混合策略，找出自己的均衡混合策略的途径就在于使别人对他们自己的具体行动无所谓。因为这正好符合零和博弈的随机化动机：你想阻止别人利用你有规律的行为占你的便宜。假如他们真的倾向于选择某一个特别的行动，从你的角度来看，这只能表示他们选择了最糟糕的方案，因为一旦某种策略被很明显地识别出来，那么他很快就会被另一个策略所击败。

◇◇◇ 基础练习

一、根据以下材料，用最大期望收益法寻找最优策略。

甲乙两家企业，为了争夺市场份额，在价格定制问题上各有两种纯策略，如图 4-10 所示。两家企业都知道自己在各个策略组合下的收益情况，但是并不知道对方的收益。假设甲采取 U 的概率为 0.3，乙采取 R 的概率为 0.6。

（1）写出计算步骤。

（2）给出最优的策略结果。

		乙企业			
		L		R	
甲企业	U		1		4
		2		3	
	D		4		2
		4		1	

图4-10　甲乙两家企业的博弈

二、求解以下博弈的纳什均衡。

（1）写出计算步骤。

（2）给出所有纳什均衡策略。

		曹操			
		华容道		其他路	
关羽	华容道		−2		3
		2		−2	
	其他路		1		−1
		−2		2	

图4-11　华容道上的博弈

		2号厂商	
		X	Y
1号厂商	A	10 / 10	4 / 1
	B	1 / 4	5 / 5

图4-12 两家厂商的博弈四

第5章

承诺与威胁：使决策更加可信

我们甚至通常愿意为预先承诺未来的行动支付一个价格（以避免诱惑），在经济学和其他社会行为中不难发现这方面的证据。

——斯特罗茨（G. Strotz）

在 1990 年我读初中一年级时，读到了《聊斋志异》的作者蒲松龄写的一句"有志者，事竟成，破釜沉舟，百二秦关终属楚。"也就在那个时候，深深地记住了"破釜沉舟"这个成语。当然，这很大程度上还在于我在家乡徐州户部山上的戏马台①见过西楚霸王项羽的雕像，比较熟悉这个成语故事的主人公。在 2005 年，我又看过一部叫做《破釜沉舟》的电影，是由国内硬派小生胡军和香港亚洲小姐选美冠军杨恭如主演的，属于《大汉风》系列数字电影中的一部。算是重温了那段历史，再次清晰了已经模糊的那些战争印象。

这场战争早已过去了两千二百多年，纵然项羽的英雄故事还在不断被传诵和演绎，但也已成过眼云烟，只能让我们去跨越时空地想象了。但在巨鹿之战中项羽是如何做到以少胜多的呢？这个问题却成为值得我们关注的焦点。本章接下来的内容，首先介绍一下有关动态博弈的基本知识，然后就从这场"破釜沉舟"的著名战争开始，解读其背后的博弈论内涵，并扩展至当今社会生活中的一些博弈，相信这也会为我们今后在社会交往和经营管理中可能

① 戏马台，是徐州市现存最早的古迹之一，与苏州园林、南京六朝石刻并称"江苏三宝"。公元前206年，盖世英雄项羽灭秦后，自立为西楚霸王，定都彭城（今徐州市），于城南的户部山岗上，构筑丛台以观戏马、演武和阅兵等，故得名。

遇到的某些决策带来一些有价值的参考和指导。

░░░░ 动态博弈

前面几章中，我们讲的基本都属于同时发生的博弈，它所反映的是参与者同时选择博弈策略的行动，属于静态博弈。接下来的这些章节将大量接触到不是同时发生的博弈行为，是相继发生的轮流出招行为，也就是参与者选择策略有时间先后顺序，叫做序贯博弈，这是一种动态的博弈。只要参与者的决策不是同时的，就是序贯决策博弈，这不一定非得是轮流决策的不可。比如，有甲乙丙三个人参加的博弈，决策的顺序是"甲—乙—丙—甲—乙—丙……"或者"甲—乙—丙—乙—丙—甲……"这样的次序，都是序贯决策博弈。一句话，决策的步骤就是要有先有后。也正因为如此，我们不便于用前面讲的矩阵图的方式进行表达，而是采用决策树的方式。

当一个人先行动而另一个人后行动时，后者很自然地要根据前者的选择而调整自己的选择，前者自然也会理性预期到这一点，所以不可能不考虑自己的选择对其对手选择的影响。因此，为作出最优行动选择，每个参与者都必须这样思考问题：如果我如此选择，对方将如何应对？如果我是他，我将如何行动？给定他的应对，什么是我的最优选择？这就好比下棋，在每走一招之前，你都要考虑：如果我走了这一招，对手会怎么出招？如果对手出了那一招之后，我又怎么出招？对手如果知道我知道他会出那一招，他又会如何出招？……这样的博弈过程，就是看谁更加理性，谁能想得更多。要不咋说，这类活动是高深的智力游戏啊。

这里我们要记住，在动态博弈中，行动有先后，信息也有充分或者不充分，所以才有完全信息动态博弈和不完全信息动态博弈。在不完全信息博弈中，为了研究的方便，我们还假设有一个虚拟的参与者，一般称为"自然"，是指决定外生的随机变量概率分布的机制。比如，在房地产开发博弈中，对商业写字楼的市场需求是一个随机变量，为了分析方便，我们假定"自然"以一定的概率决定需求是大是小。当然，博弈参与者的决策要依赖于"自然"的选择。

对于完全信息动态博弈，当后一参与者行动时，很自然地会根据前者的选择而调整自己的选择，而前者也会理性地预期到这一点，所以不可能不考虑自己的选择对他人的影响。但这只是一种理想状态。这里我们说一下不完全信息博弈。在不完全信息条件下，动态博弈的每一参与者知道其他参与者有哪几种类型以及各种类型出现的概率，即知道"自然"这个虚拟参与者的不同类型与相应选择之间的关系，但是，参与者并不知道其他参与者具体属于哪一种类型。由于行动有先后，在博弈一开始，先行动的参与者会根据其他参与者的不同类型及其所属类型的概率分布，建立自己的初步判断。然后，后行动者可以通过观察先行动者的行为，获得有关先行动者的信息，从而证实或修正自己对先行动者的反应行动，以根据这种不断变化的判断来选择自己的策略。

我国唐代文人柳宗元在《黔之驴》中提到的故事黔驴技穷，就是一个关于不完全信息动态博弈及行动策略修正的典型表达。有一只老虎从来没有见过驴子长什么样，因而不知道自己比驴子强还是弱。但是老虎正在找食吃，见到这么一个庞然大物，需要仔细权衡一下：如果自己比驴子弱，那就只能躲避，如果自己比驴子强，那就把驴子吃了。但是由于自己并不了解驴子的情况，老虎的做法只能是不断试探，通过这种试探来修改自己对驴子真实情况的认识。如果驴子表现温顺无能，老虎就认为驴子是美食的概率比较大。起初，老虎靠近驴子，但是驴子没有反应，老虎开始认为驴子不像强敌，胆子便越来越大。后来老虎再靠近驴子，驴子抬起蹄子踢它并大叫，老虎以为驴子要吃它，吓得逃走了。但后来老虎一想，又觉得还不甘心，于是决定继续去试探一下，但是发现驴子除了抬起蹄子踢老虎以外，就没有其他本领了。这时老虎才觉得驴子"仅此技耳"，于是最终认定自己比驴子强大，从而选定了自己的策略，采取自己的最优行动——把驴子吃掉。

为了增加读者对博弈论概念的掌握，我们先简单给出以下几个相关概念。(1) 对一个动态博弈而言，每一个参与者的一次行为称为一个"阶段"，显然它有不止一个决策阶段。如果从第一阶段以外的某个阶段开始的后续博弈阶段，也有初始信息集，具备进行博弈所需要的各种信息，能够自成一个博弈，我们就将这个博弈阶段称为原动态博弈的一个**"子博弈"**。(2) 在完全信息动态博弈中，如果各参与者的策略在该动态博弈本身和所有子博弈中都构成一个纳什均衡，则称该策略组合为一个**"子博弈精炼纳什均衡"**。首先，这个均衡是纳什均衡，从而具有战略稳定性；其次，这个均衡又不能包含任何的不会守信的许诺或威胁，也就是说各参与者的选择都是按最大利益原则决策的。(3) 在不完全信息动态博弈下，如果在给定参与者自己的特征和其他参与者特征概率分布的情况下，每个参与者选择的策略能使自己的期望支付达到最大化，也就是说，没有人有积极性选择其他策略，这就形成了**"精炼贝叶斯纳什均衡"**。要点在于当事人要根据所观察到的他人的行为来修正自己的有关后者特征的"信念"（主观概率），并由此选择自己的行动，而且均衡的策略选择应该在每一个子博弈都构成贝叶斯均衡。

为了更好地理解上面提到的有关动态博弈的概念和内涵，我们来举一个例子。乙想投资运作一个项目，但是现在没有足够的资金支持，他决定从甲那里吸引 1 万元投资，并向甲许诺如果项目运作成功后将与甲平分盈利。假设该项目肯定可以成功，获得 4 万的盈利。当然，如果乙到时候不拿出赚的钱与甲进行平分的话，甲可以选择就此罢休，也可以选择提起诉讼打官司，以争取收回这笔钱。这个博弈如何开展呢？我们用图 5-1 表示这个博弈，其中括号内的博弈支付为（甲，乙）。

在这个动态博弈中，有三个子博弈。起初，甲要决定是否向乙进行投资，他有两个策略选择，投资还是不投资，这是第一个博弈。假如甲决定向乙投资，乙拿去运作项目并赚钱后，就要决定是否分给甲，这是第一个博弈的子博弈。如果乙不拿出来钱给甲，或者是携款潜逃，那么甲就要作出决定，是否追回这笔钱，需要在采取诉讼或者不诉讼之中作出选择，这是第二个博弈的子博弈。图 5-1 中的虚方框就代表了原博弈的二级子博弈。

图5-1　项目投资博弈

　　甲在最初决定是否向乙投资的时候，肯定会考虑到后面可能发生的事情，他需要关心的就是乙赚到钱之后是否会履行诺言跟自己平分项目的收益，因为万一乙赖账或携款潜逃，则甲自己连本钱都收不回来。根据既定的情况，甲知道乙的经营运作会成功，可以获得4万的收益，但是他不知道乙是否会和自己分这笔钱。如果平分，大家相安无事，各取应得的，皆大欢喜；如果乙不与甲平分，问题似乎复杂了。如果甲提起了诉讼，双方都会受到损失，因为甲会遇到诉讼成本、时间耗费、精神损失等成本，乙也会遇到声誉损失、诉讼成本、赔偿支付等，这个子博弈的结果为（1，0），甲获得1单位的收益，乙没有收益；如果甲不提起诉讼，那么乙就会毫无损失，而甲必然会损失掉本金。

　　这个博弈如何进行呢？我们需要介绍一个新的方法。对于动态博弈，特别是在完全信息下，最简单的方法就是逆向归纳法。就是从最后一个阶段或最后一个子博弈开始逆推上去，逐步向前倒推以求解动态博弈均衡，这就是**逆向归纳法**。下面我们就利用逆向归纳法，对这个博弈从最后开始往前倒推。

在最后一个阶段，甲面对着提起诉讼和不起诉讼两种情况，分别获得 1 和 0 单位支付，显然，甲会在乙不履行承诺时提起诉讼，这对甲而言是最优决策。我们在这个策略对应的树枝上画一斜线，代表这种选择。这样一来，乙清楚这种情况，知道甲必然会选择提起诉讼，所以乙面对着分与不分的策略，必须作出选择。这就倒回到了第二阶段。如果他分，获得 2 单位支付；如果不分，则获得 1 单位支付。显然，乙此时会选择与甲分享这笔盈利，双方均获得 2 单位支付。当然，这个结果，甲也能想得到，乙也知道甲能想得到。所以，该博弈回到第一个阶段，甲是否要选择投资呢？不投资的话，甲的 1 万元还是 1 万元；投资的话，甲的 1 万元就会变成 2 万元，所以，甲肯定会选择投资这一策略。至此，博弈的均衡路径就找到了：甲投资—乙分配盈利—甲提起诉讼。最后的博弈结果自然就是甲向乙投资，乙与甲分享盈利，双方的收益均为 2 单位。

◁◁◁ 破釜沉舟

"破釜沉舟"的故事见于《史记·项羽本纪》："项羽乃悉引兵渡河，皆沉船，破釜甑，烧庐舍，持三日粮，以示士卒必死，无一还心。"具体讲述的是：秦朝末年，反对秦朝暴政的农民起义此起彼伏，战争不断。公元前 207 年，秦将章邯在消灭项梁（项羽的叔叔）之后，又率秦军北上攻打赵国，并大败赵军，随后命大将王离、涉间率 40 万大军包围赵国的巨鹿。接到赵王连夜求救的楚怀王，遂派宋义为上将军，项羽为副将，领楚军 5 万前去救援。眼看着宋义消极怠战，项羽怒不可遏，为了尽快为叔叔报仇，便借机杀掉了宋义，自己执掌起帅印。尽管知道楚军和秦军人数相差极其悬殊，项羽还是率大军渡过黄河，并随后命令部队将炊具统统打破，将渡河船只全部凿沉，只让士兵持三日粮进军，以示决不后退的决心，以便让将士们义无反顾，一往直前。他更是身先士卒，冲锋陷阵在前。楚军在项羽的率领下，个个英勇无畏，以一当十，九战九胜，大败秦军，从而缓解了巨鹿之围。这是秦末战争中消灭秦军主力的一次决定性战役，也是历史上著名的以少胜多的战役之一。也就在此役，项羽在各路诸侯中树立起威信，从此铸就了西楚霸王的威名。

在这次战役中，项羽及其楚军明显处于劣势，即使我们假设楚军的平时战斗力是秦军的 2 倍，那么 5 万楚军也只能抵挡得住 10 万秦军，而当时秦军有 40 万，在冷兵器时代，这可是天壤之别啊。在项羽的心中，这场战斗必须胜利，否则既不能解除赵国的危险，也不能替自己的叔叔报仇，更不能在众将及楚怀王面前显示自己的实力，就会让他先前戮杀宋义的行为失色不少。所以，对项羽而言，此战只能胜不能败，此其一也。另外，项羽率部队来解赵国被围的困境，是远道而来，兵马劳顿，后方给养肯定比秦军困难，而且部队背井离乡，不宜在外久战。基于此，如果不能速战速决，必将大大动摇军心，一旦军心涣散，这场战争势必以楚军失败告终。所以，此仗必须尽快结束，而且一定要成功，此其二也。这些信息，项羽都是清楚的，而且他也知道秦将章邯也是知道这个道理的。

秦将章邯之所以率大军压境，其目的是要消灭赵国，此时并不想和项羽发生激烈的战斗，否则就会使赵国有喘息的机会，这并不符合他的目的。所以他的主要兵力还是要保证"围赵"的效果，而不能被项羽冲破了阵线，所以他的精力和兵力就势必要分散，实力就要削弱许多。另外，章邯的 40 万大军，虽然都是秦朝的军人，但是也长期受到秦朝暴政的压制，而且这些年的农民起义，已经让他们也知道了这种影响，内部军心并不稳定。也就是说，秦军其实并不想打仗，只是没办法，这样一来，军事实力就大打折扣。对于这些问题，项羽是知道的，章邯也知道项羽知道这一点。

在这种情况下，项羽该怎么做呢？假如他能让 5 万大军同仇敌忾，而且坚持到底，那么，他就有可能取得胜利。所以，他就要想出办法提出可靠的威胁措施，这样一来，自己的兵士会奋勇向前，秦军也会被吓到而不会全力参加战斗。但是，只简单地提出口号承诺要带着自己的部队打到最后，甚至是威胁自己的士兵后退者格杀勿论是不行的，而且这样的承诺或者威胁也不可信，在敌我力量悬殊的情况下，士兵被你自己都杀了，这仗还怎么打呢？我们说威胁方做出威胁承诺时，必须表现出自己实施威胁的决心，并不是实施威胁的可能性。因为对方完全可以这么理解：如果你表示可能实施威胁，那就也意味着可能不采取威胁行动，也就是为自己留下了可以选择的余地，表明他没有实施威胁的决心。所以，项羽想到的就是"破釜沉舟"！

试想，你把战船烧了，把锅也砸了，摆明了就是把这些人都置之死地了。其他诸侯的援军可能来，也可能不来，即使来也要几个月以后了，要是等到那个时候，这5万大军早就死光了。所以，你只能打，而且要好好地打，若非投降，反正都是死，那就不如放开了去打。事实上，投降也不可能，因为你们是发动起义的一方，以秦朝的暴政而言，这样的军队是很难被接受投降的。而且当初起义就是为了改变这种局面，现在投降又有何意义呢？对于这些问题，士兵们也清楚。更重要的是，秦军会觉得，楚军都烧船砸锅了，他们肯定是不可能后退的。因为，楚军的选择受到了明显的限制，不可能依靠撤退从这场战争中轻松脱身。如此一来，秦军的士气必将受到影响，军心思动啊，这可是兵家大忌。

总之，项羽选择"破釜沉舟"，就是让自己"打到最后胜利"的承诺或者"和秦军死战到底"威胁变成了可信的。他使楚国士兵们相信破釜沉舟后，自己退无可退，唯有死战，才能活命。由此可见，这一招是多么的有用，内涵也多么的深刻。谁说项羽像现代一些影视剧中演绎的那样有勇无谋啊？真是委屈了这位乱世英雄，低估了这位西楚霸王。就连我国"史圣"司马迁都认为项羽才气过人，只可惜项羽这种过人才华并没有给他以后的统治带来帮助。在下面一节的内容中，我们将全面地分析有关承诺和威胁问题。

我们古代还有韩信"背水一战"的案例,与"破釜沉舟"的内涵类似。说的是汉朝开国将军韩信率军攻打赵国,穿出太行山以东的咽喉要地井陉口,命令将士背靠大河摆开阵势,与敌人交战。韩信以前临大敌、后无退路的处境来坚定将士拼死求胜的决心,结果灵活运用"陷之死地而后生,置之亡地而后存"的策略大破赵军。"背水一战"后来也就用来比喻处于绝境之中,为求生路而决一死战。这样的实例还有很多,我们就不再展开谈了,读者朋友们可以自己寻找一些来分析。"破釜沉舟"也好,"背水一战"也罢,除了军事上运用之外,在商场上和政治上也是很重要很有用的策略。

∴∴∵ 承诺及威胁

所谓**承诺**,就是对愿意与你合作的人给予回报的方式。项羽就是给了楚国的士兵们一个要坚持到底,取得胜利的承诺。所谓**威胁**,就是对不肯与你合作的人进行惩罚的一种回应规则。项羽就是向自己的楚国士兵们发出了一种威胁,不好好打只有死路一条;同时也向秦军发出了一种威胁,我们楚军会死战到底,你们秦军如果要拼了命的打,一定会损失惨重,还不如后退让步呢。但是将他的威胁与承诺变成可以让人相信的,就是他置之死地而后生的"破釜沉舟"。

在社会生活和经营管理活动中,人们惯用承诺与威胁作为达到自己目的的一种手段,收到承诺或者被威胁也是非常常见的现象。比如有位女生告诉她的男朋友,如果她发现他在和自己交往的同时还敢和其他女生保持着亲密的关系,就会和他立刻分手,这就是威胁;而她男朋友为了表示自己不会那么做,而向她发誓保证自己绝对是个对感情专一的好男孩,决不会背叛对她的爱情,这就是承诺。再比如,甲制造企业和乙销售公司达成了一项市场合作计划,甲企业告诉乙销售公司,在合作期间,如果在市场上发现乙销售公司在降价销售该公司的产品，就会立刻停止供货，不再合作，这就是威胁；乙销售公司告诉甲企业，他们对旗下的各个销售网点都作了严格的要求，绝对不准私自调价，一旦发现，该销售公司就会将该网点的经理开除，这也是一种承诺。如果乙销售公司直接与甲企业签订一份违约处理协议，自然也是一种承诺。

当然，有的时候，承诺是不可信的。著名的政治哲学家托马斯·霍布斯（Thomas Hobbes）曾经说过这样的话："信约本身只是空洞的言辞，除开从公众的武力中得到的力量以外就没有任何力量来约束、遏制、强制或保护任何人。"[①]并且认为不带剑的契约不过是一纸空文，它毫无力量去保障一个人的安全。这个观点虽然有些偏激，但不无道理。因为来自于一方博弈参与者的承诺或威胁都是在另一方博弈参与者进行策略选择之前做出的，那么，这项承诺或威胁对博弈者的约束力越小，那么博弈的这些参与者之间进行合作的可能性就越小。

《史记》第四十七卷中的孔子世家记载了这样一个故事：孔子曾经生活在陈国，后来离开了陈国途径蒲地，正好遇到公叔氏在蒲地发动叛乱。蒲地的人于是就将孔子扣留了起来，不允许他离开。孔子的弟子公良孺召集众人跟蒲人打，打得很激烈，蒲人害怕了，他们就提出条件：假如孔子不去卫国，就让孔子离开。孔子对天发誓，保证不会去卫国。于是他们放了孔子。结果，一出东门，孔子就直奔卫国而去。到了卫国后，孔子的弟子子路就问孔子："夫子，你对天发的誓言能背叛吗？"孔子说："我当时是被迫立下的誓言，神灵是不会听的。"[②]这个故事很有意思，孔夫子都会有时"言而无信"，可以背叛空口的承诺，何况普普通通的芸芸众生呢？

这些不能被相信的承诺，就是"**空洞承诺**"。这些空洞承诺之所以不会被人相信，就是因为它太廉价。尤其是，如果一个空口的承诺本身不符合承诺者利益的话，那么我们就不应该指望承诺者会遵守他的承诺。因为作为理性的经济人，他应该寻求

①［英］托马斯·霍布斯. 利维坦［M］. 黎思复，黎廷弼，译. 北京：商务印书馆，1985：135.

②原文为：孔子去陈，过蒲，蒲人止之。公良孺，孔子弟子也，适以私车五乘从。其为人长贤，有勇力，谓曰："吾昔从夫子遇难于匡，今又遇难于此，命也已。吾与夫子再罹难，宁斗而死。"斗斗疾。蒲人惧，谓孔子曰："苟毋适卫，吾出子。"与之盟，出孔子东门。孔子遂适卫。子贡曰："盟可负邪？"孔子曰："要盟也，神不听。"

利益之所在。如何判断承诺是不是空洞的呢？我们在博弈论里有一个基本的原则，就是要看参与者的实际行动。

所以我们要记住，廉价的承诺是不可相信的。比如一个男孩子对一个女孩说"我会爱你一生一世"，如果这个女孩子相信了这个男孩子的话，那就很不理性。因为，说一句这样的话是非常容易的事，不需要什么成本，仅仅是嘴里的誓言而已。如果这个男孩子愿意在女孩子身上花钱、更多地花费精力去关心这个女孩子，那么他的承诺就更为可信了，因为他为自己的承诺付出了代价。当然，这不是必然的，所以我才说"更为可信了"，如果他就是一个有钱的花花公子，花了钱，费了心机，也不见得就是真的关心这个女孩子。那么怎么办呢？要证明这个承诺，可以让他选择付出更大的代价，比如订婚或者结婚。那么，请你思考一下，如果一个男孩子给女孩打电话说："亲爱的，你知道我爱你爱得很深，我愿意为你赴汤蹈火，我每天每时每刻都很想见到你，什么艰难险阻也不能阻止我向你靠近。周五下班的时候，如果不下雨，我就一定过去找你！"你会有何感想呢？

如果一些威胁会对发出威胁的参与者自己产生伤害，或者是事实上这样的威胁的行动成本太高而会导致根本无法实施的话，这些威胁就是不可相信的威胁。所以，当发出威胁的博弈参与者选择威胁所宣称的行动策略时，对自己并没有好处，这就不可信了，这叫做"**空洞威胁**"。比如，一个父亲，对自己很淘气的儿子说"你再不听话，我就拧掉你的耳朵！"这样的话就不具有可信性。拧掉了儿子的耳朵，对谁有利呢？对父亲而言没有任何好处，还会因此带来更大的负担，也影响了孩子的一生，父亲也要为此背负一辈子的心理成本和经济成本。对孩子而言，这也是一生的不良影响和沉重的心理负担，以及巨大的机会成本。显然这个威胁对整个家庭没有任何好处。所以，这个威胁根本不可置信。

我来说一件日常的琐碎事情，我想你也会遇到的。我的儿子四岁时，因为我自己的工作比较忙，只好请我的父母来帮我带孩子。但是大家都知道，现在的小孩子一般都是被爷爷奶奶宠着的，孩子还小或许不知道这是独生子女政策带来的"福利"，可爷爷奶奶尽管知道这些，还是要宠着他。孙子想吃什么，他们去做什么；孙子想要什么，他们去买什么；孙子想做什么，他们尽量也满足。但是这样的结果，问题随即就来了，我儿子根本不听他爷爷奶奶的话。一开始，爷爷奶奶会把他不听话或者恶作剧的"劣迹"告诉我和我妻子。如果我在家，恰好听到孩子爷爷奶奶讲的这些事情，就会被气得拉起他揍一顿；如果我妻子在家，基本上就是说他几句就算完事了。几次三番以后，造成了一种事实，儿子只听我的话，因为怕我揍他。所以，当他的爷爷奶奶再遇到他不听话的时候，如果说"就让你不听话吧，你妈下午就回家，让她打你。"这句话基本起不到作用；但是如果说"你再不听话，我就告诉你爸爸，让他揍你。"这种威胁却很有效，因为先前的经验让他知道我真的会揍他。

一般来说，不可相信的威胁或者"空洞威胁"只有在参与者是非理性或者理性不足的情况下或许会起到作用。试想一下，一位正常的成年人因为母亲不同意他买一部高档手机就用不吃不喝来威胁母亲，你说能起到作用吗？我想一般是不起作用的吧。但是假如是一位三四岁的孩子因为没有如愿得到想要的玩具就用不吃不喝来威胁父亲母亲或者爷爷奶奶的话，这或许就是可以成功的，因为孩子还没有那么充分理性。所以呢，请你谨记，当你平和地要求你年幼的孩子服从你的想法，却被孩子置之不理时，请你不要只用脸色，你要用行动，而不是空洞的威胁，只有这样才会获得期望的行为。

❖❖❖ 私奔博弈

对于一些相爱的人而言，相爱却不能相守，恋爱了却不能终成眷属，这是一个自古以来就让无数相爱的人郁闷不堪的问题，梁山伯与祝英台便是如此，于是便有了一种经典的解决方式——私奔。当然，现代社会已经高度文明，但是私奔也依然存在。下面我们来看一个有关两个相爱的年轻人的"私奔博弈"。

故事说的是，有一个姑娘爱上了同村的小伙子，但是姑娘的父亲明确表示反对，因为他已经托媒人为他的女儿找了一户好人家，过几天就要来提亲了。为了自己女儿能过的衣食无忧，所以他极力反对。他声称如果女儿不与同村的小伙断绝关系，他就要与女儿断绝父女关系。这下姑娘为难了，哭了一夜。第二天决定找同村的恋人商议一下怎么办。这个小伙子也老实巴交，一时没有好办法。两个人想到了私奔。

我们来看一下，如果这个姑娘与心爱的人断绝恋爱关系，她会很伤心，假设其支付为 -10 单位。而她的父亲应该很得意，因为可以让女儿与他所物色的另外一个人结婚了，父亲的支付为 5 单位。假如俩人私奔，也就相当于成婚吧，此时如果父亲默认了女儿嫁给同村小伙子的事实，那么这个姑娘就会比较高兴，毕竟有情人终成眷属嘛，虽然有一些波折，最终有 10 单位支付；而姑娘的父亲因为默认了这桩婚事，就无法实现和另外一个有钱的人家结成亲家的愿望了，支付为 $-g$ (<0)。如果姑娘与小伙子私奔成婚了，她的父亲为了面子断然否认这桩婚事，一定要断绝父女关系的话，那么姑娘因为与小伙成婚了但是也断绝了父女关系，姑娘肯定也很伤心，毕竟那是自己的亲生父亲啊，按理来说，父亲没了就没了，而爱人没了还可以再找一个，所以她的支付为 -20 单位；当然，姑娘的父亲也很伤心，与自己相依为命这么多年的女儿不听自己的话，与他人私奔了，而且自己和她断绝了父女关系，所以他的支付为 $-d-g$ $(<-g)$。博弈过程如图 5-2 所示，其中括号内的支付为（女儿，父亲）。

图5-2　私奔博弈

　　对于该博弈，我们依然采取逆向归纳法来找出博弈的均衡。在博弈的第二阶段,是姑娘的父亲做决策。假如这个姑娘真的和同村的恋人私奔了,作为父亲，面对着这个情况，他有两种选择：默认或者断绝父女关系，但是哪种更好点呢？选择同女儿断绝父女关系的话，父亲所得的支付 $-d-g$,要小于默认这个事实所得的支付 $-g$,那么理性的父亲会选择默认这个事实。这就回到了博弈的第一阶段,这一阶段是女儿做决策。一个理性的女儿应该知道父亲不会选择断绝父女关系的,而且父亲也知道女儿知道这一点，女儿也知道父亲知道她知道。此时，女儿面对的博弈结果是：如果选择断绝恋爱关系的话，支付为 -10 单位；如果选择私奔的话，支付为 10单位。很显然，女儿应该选择私奔这个策略。这样一来，博弈的路径就是：女儿私奔—父亲默认。最终的博弈结果是：女儿和这个所爱的小伙子终成眷属，得到 10 单位的支付，父亲默认这种事实，得到 $-g$ 的支付。

　　如果我们把上述博弈树转换成前面几章分析中所用的博弈矩阵的话，就像图 5-3 所示的那样。该博弈存在两个纯策略纳什均衡:(断绝恋爱关系，断绝父女关系）和（私奔，默认）。对于第一个纳什均衡而言，女儿选择同小伙子断绝恋爱关系，父亲选择断绝父女关系。很显然，父亲的威胁事实上是不可置信的，这个结果不会发生。对第二个纳什均衡而言，女儿选择与相爱的小伙子私奔，而父亲选择默认这件事实。如果女儿正好选择私奔的话，也就是生米已煮成熟饭，父亲的最优选择也只能是默认事实。所以，聪明的女儿一般不理会父亲的这类威胁。

		父亲	
		断绝父女关系	默认
女儿	断绝恋爱关系	5 −10	5 −10
	私奔	−d−g −20	−g 10

图5-3　矩阵形式的私奔博弈

　　你看嘛，这又是一出可怜天下父母心的故事。做父亲母亲的，一般不会轻易地同自己的儿女断绝这种亲情关系，遇到一些重大的事情，他们嘴上虽然会发出一些威胁的语言，但是实际上却宁愿自己受点儿委屈或者遭点罪。但是，在这里，我也提醒读者朋友们，我们切切不可凡事都抓住父母的这种性格特征，以此作为赌注，要懂得为他们考虑一下，不要轻易让自己的父母伤心，独自背负因你而来的痛苦。

﹤﹤﹤ 市场进入博弈

　　在某市的生物制药市场上，有一家企业拥有一项自己的专利，垄断了这种药品的开发和销售，几年以来，该企业都获得了不菲的收益，我们将其称为"在位者"。而且，在业内的某些通气会上，在位者企业的领导不止一次地谈到过如果遇到一些外部的不利因素，他们会降价销售这种药品。但是随着生物科技的发展，一家新的企业也掌握了与在位者企业的药品功能相似的新药研发技术，这家企业就想进入这个市场，我们称之为"进入者"。

　　进入者企业在做出是否进入这个市场的决策之前，需要充分考量他与在位者企业之间的博弈。他十分清楚，如果他选择进入这个市场，或许会遭遇到在位者企业的打击，毕竟这影响到了现有的市场格局，会使在位者企业利润大幅削弱。当然了，如果在位者企业可以允许它进入，两家企业就会在市场上平分秋色，毕竟实力相当，药品的功能相似。现在的问题就是进入者到底该怎么做呢？是进入还是不进入？这成了一个关键问题。在充分市场调研的基础上，他们摸清了现有的市场销售额，以及可能的潜在的市场大小，可能的博弈如图 5-4 所示，其中，括号中的第一个数字代表进入者的支付，第二个数字表示在位者的支付。最终，他们召开了决策层的干部会议研究这个问题。

图5-4　市场进入博弈中的空洞威胁

　　企业的领导层利用我们提到的逆向归纳法，分析了这个博弈。如果他们已经进入这个市场，在位者企业会怎么做呢？由于有相当的信息资料作为依据，他们知道在位者企业如果采取降价的方式销售药品，势必使他们进入者一方入不敷出而投资失败，但是在位者企业也会因为降价也受到损失，可能获得 30 个单位的盈利。但是如果在位者企业对此不管不问，相当于默认了进入者企业的进入行为，那么双方就瓜分了这个市场 100 个单位的容量，各自可以获得 50 个单位的收益。那么，作为理性的决策者而言，在位者企业应该不会真的采取降价的方式来打击进入者企业。

　　那么问题就回到了博弈的第一个阶段。对于这种情况，进入者企业的领导层显然会毫不犹豫地选择进入这个市场。因为，进入会带来 50

个单位的收益，不进入就是失去一切，前期的研发工作也白费了。所以，这个博弈的路径就是：进入者进入——在位者默认。至此，我们可以知道，很显然，在位者企业的威胁是空洞的威胁，根本不会真正起到威慑作用，因为他们的威胁对进入者而言是不可相信的。如果进入者真的进入了，在位者选择默认而不是打击更符合他自身的利益诉求。

如果，进入者企业在经过了市场调研以及情报获取之后，发现在位者企业为了更大地开拓市场已经扩大了产能，不仅生产线增加了几条，而且生产效率明显提高，只是因为现在还没有进行大面积扩张。经过估算，进入者企业的决策层认为，在位者企业的这项投资，会使该企业的单位生产成本降低，但是目前的生产线维护费用每年需要30个单位，也就意味着在位者企业的收益目前只有70个单位。

此时，进入者企业的决策层知道，如果在位者企业默认了他们的市场进入行为，也就不会动用在位者的打击手段，两家企业平分市场，但是在位者企业要扣除过剩产能的维护费用，只能获得20单位的收益，而进入企业则可以获得50单位收益。如果在位者企业不能容忍这种进入行为，势必会扩大产量，并在市场上掀起降价的浪潮，以打击进入者企业。这一方面使进入者投资失败，损失10个单位的支付，另一方面，则使在位者企业获得30单位的收益。此时的博弈如图5-5所示。

图5-5　市场进入博弈中的可信威胁

面对着这种情况，他们又要思考到底该怎么做呢？是进入还是不进入？在第二个阶段的博弈中，对在位者企业而言，打击进入者获得的收益要比选择默认这种事实获得的收益要好。尽管增加产能带来了每年30个单位的运营费用，但是这种投入是值得的，可以使自己的威胁变成可信的了。所以此时的博弈路径就是：在位者扩大产能—进入者不进入—在位者采取打击策略。进入者也能预期到如果进入必遭到在位者的打击，所以他的选择只能是不进入。

但是我们要认真分析一下这个问题。上面图 5-5 反映出的"威胁"有效是在位者企业已经进行了投资的情况下发生的。因为投资成为既定的事实，在位者企业最优的策略只有对进入者企业采取打击策略，因为这样才符合其利益诉求。但是，如果在进入者企业开始想进入该市场的时候，在位者企业还并未实质性投资扩大产能，仅仅是在听到这个竞争消息之后才抛出来要扩大产能以准备打击进入者，那么这个威胁是否可信呢？这就要把两个博弈结合起来考虑了。如果不投资，选择默认这种进入，在位者获得 50 个单位收益，如果选择继续投资扩大产能，尽管采取了打击策略，也只有 30 个单位的收益，那么为什么要投资扩大产能呢？这不是偷鸡不成反蚀一把米吗？很显然，在位者企业的这个投资扩能的威胁与其降价销售的威胁其实是一样空洞的，也不足为信。实际上，恐怕此时已经进行的投资扩能，也会让在位者企业自己后悔吧。

当然我们可以这么理解：在位者企业的投资行为就是让进入者或者潜在进入者相信，它的行为"不正常"，即使要花费高额的运营资本，带来收入的下降，也会兑换威胁。当然这并不是表示该企业的管理者就真的发疯了，而是表示有时候应该要让别人相信，赚更多的钱并不是唯一目标。如果对手反常的不理性举动刚好可以强化他的谈判优势的话，你在决策时就要小心了。所以，有的时候给别人一种不理性的印象反而会有好处。

❖❖❖ 再谈加薪博弈

还记得在第 3 章关于纳什均衡中讲到过的加薪博弈吧？我们谈到了员工要想提出加薪是多么的不容易，它是一项技术活，这个技术就在于博弈的技术。现在，我们再来谈一下关于加薪的事。只不过，我们要谈的是如何让你的加薪成为可能。

接着前面关于加薪的例子来讲，假设你到现在的公司已经 5 年了，这期间你的能力得到了充分展示，你同各部门的同事关系维持的很好，但是一直以来都没有享受到加薪的待遇，所以决定向老板提出加薪的要求，希望每年能够增加 2 万元薪水，其实这个要求并不是很高。但是你所在的这个公司的老板也是个喜欢钱的人，比较抠门。你该怎么提加薪的要求呢？你思来想去，觉得只有让老板相信给你加薪会为公司带来好处，否则就会是坏处，才可以如愿以偿。

可以肯定的是，你这个思路是对的。你既然要求加薪，就要证明你对公司有很大的贡献，现在的工资水平不足以匹配你的付出和为公司做出的业绩。但是这仅仅是一个必要条件，因为很多时候即使你做出了出色的业绩，为公司的发展立下了汗马功劳也未必就能够带来高薪。你还需要给自己增加一个充分条件，那就是让公司依赖你，某些业务的发展非得需要你来做，这样才是你获得加薪的最好条件。此时，如果你让你的老板相信，不给你加薪，你就走人，结果就会让你自己如愿以偿地得到加薪的机会。为什么呢？

在本章前面内容的基础上，我相信，你应该学会了如何处理这类看似复杂的问题。你至少有两招可以出：一是发出威胁，二是制造承诺。你怎么利用威胁呢？假如你跟你的老板谈了要求加薪的事，也告诉了他，如果不给你加薪，你就会辞职离开公司。但是，如果只是这样的话，他也许不会真正相信这是个威胁，可能就以为你纯属给他制造一个口头的空洞的威胁而已，目的就是为了加薪。那么，如果你想要你的老板真正地相信你不是开玩笑，是一个真的可信的威胁，你最好的方法就是向他证明，现在已经有另外一家企业或者是猎头公司向你伸出了橄榄枝，愿意给你的薪水比现在这家公司给的多出 2 万元。当然，这里我们要说一下，如果真的有公司愿意给你出这个薪水的话，除非你很留恋现在的公司，或者现在的公司对你有着某种潜在的利益，否则的话，你就没必要找老板谈加薪的事，直接辞职就是了。

除此以外，你可以制造一种承诺，用这种承诺让自己处在破釜沉舟的境地。如果你真的想加薪，而且你也真的有加薪的资本，你其实还可以通过这种办法达到加薪的目的。你告诉公司里的很多同事，说假如你今年不能得到加薪，你肯定会辞职的。试想一下，这样的话说出去了，就相当于给你设置了一个深坑，假如不能得到加薪，就会丢失面子，你还会留下来吗？如果你通过这种背水一战的方式，故意把自己不能如愿以偿得到加薪之后的局面搞得很糟糕，就相当于坚决地断绝了自己的后路。那么，老板就会觉得还是给你加薪比较好。因为你的这个承诺，让他发现你不是在开玩笑，也让他体会到了威胁，失去你就失去了大量的客户，也就失去了很大的盈利。我们可以用图 5-6 的博弈树来描述这个问题。

图5-6 带威胁的加薪博弈

这个博弈树中，我们没有采取数字支付的方式，而是用文字描述来给出的。你首先向老板提出加薪 2 万元的要求，老板要么答应你，要么拒绝你。如果老板答应的话，你可以如愿以偿地获得加薪；如果老板拒绝了你的要求，你只有离职走人或者继续留下工作这两个选择。假如你选择留下来，那么你的薪水还是和原来一样，没有增加；假如你选择离职，你只有去其他公司另外谋求一个新的职位。

从博弈的第二阶段来看，是你在做决策。此时是老板拒绝了你的要求，你要在留下还是离职之间作出选择。试想一下，如果你离职后获得的收益小于你留下继续领和原来一样薪水的话，你肯定不会选择离职的，而假如你不会选择离职的话，老板还会给你加薪吗？所以，你必须要他相信，如果他拒绝了给你加薪，你就只有选择离职。而要让他相信你会这么选择，你就应该向他证明你另谋高就不是空洞的威胁。这样的话，你的老板就不会拒绝你的加薪要求，而同意给你加薪 2 万元。当然，从以上这个博弈中，我们知道，均衡的路径是：老板答应给你加薪—你选择离职，最后的博弈结果是你获得加薪。比较有意思的是，老板同意给你加薪的话，该博弈就不会走到最后一步，即你选择离职。但是你要清楚，这个博弈之所以走不到这一步，就在于你的威胁起了作用。所以我们说，正是博弈参与者的理性预期让那些可能发生但是没有发生的事改变了博弈的结果。

对上面这个博弈呢，我们忽略一些其他因素，比如你的工作性质，这可能也是影响你加薪要求是否能够得到满足的主要条件之一。现在我们假设你从事的工作岗位是关键部门，你拥有很多客户资源，如果你一走，那么公司的业绩就会受到大幅影响。那么这个博弈我们来描述如下图 5-7 所示。

图5-7 考虑公司绩效的加薪博弈

在这个博弈的第二阶段，假如老板拒绝了你，那么你要么选择留下，要么选择离职。但是不管你选择什么，都会把一个不好结果带到博弈的第一个阶段。那就是，公司的业绩受到了影响。假如你选择留下来，那么你的薪水还是和原来一样，没有增加，但是你的工作势必会受到影响，公司的业绩也会因此有所下滑。假如你选择离职，你要么去其他公司另外谋求一个新的职位，要么待业在家，而公司也因为失去了你，失去了一些重要的客户资源，公司的业务受到很大影响。所以在这个阶段，不管你如何选择，老板都要面对这个不利的、也是他不想看到的结果。而如果老板为你加了薪，那么你也会将工作做得更好，这是因为薪水的激励作用，那么公司的业绩也会稳定或者得到进一步增长。所以，作为一个聪明的老板，面对着你这样的关键岗位的员工，要么是积极主动地给你加薪，要么是你不提则罢，一旦提了就会满足你，只要你的要求不过分。这也就是我们说的，加薪应该有充分且必要的理由和条件。

好了，本节以上的内容我们谈到的员工如何提出加薪的要求才能如愿以偿，现在如果你是管理者，你面对着员工的加薪要求，你又该怎么做呢？下面我们就来分析这个问题。

如果向你提出加薪的员工是一个你很欣赏的、能力很强的员工，他对你或者公司也很重要，当然，这个员工也知道自己很重要。首先你不舍得他辞职；其次，你暂时不想给他加薪。这个时候，提出来加薪的员工不管向你发不发出"不给我加薪，我就辞职"的威胁，你都不好面对这个难题。你最好的办法，就是告诉他"这事不归我管，你得找其他部门"。也就是说，你要表明，你负责他业务范畴的事务，薪酬方面要由公司专门的部门或者人来负责，而你显然对调薪无能为力。你或许要疑问：这会有效吗？

现在很多企业都设立了专门的"人力资源部"或类似的职能部门，专司企业的人力资源管理工作，当然包括薪酬管理工作，其目的除了有效地协调计划企业的用人需求和配置之外，就在于协调解决关于薪酬的难题。试想一下，如果提出加薪要求的员工在你这里无法实现愿望，因为你的职责范围决定了你对此无能为力，那么他就只有找人力资源部，去和该部门继续这类加薪博弈。尽管你对这个员工很在意，对他的能力也了如指掌，甚至会觉得失去了他之后你的工作就会不好开展了。这也正是你在直接和该员工进行加薪博弈的时候处于劣势的原因。但是现在好了，一切难题交给了人力资源部门。你想，人力资源部门会在乎这个员工的离职威胁吗？首先，人力资源部门对这个员工的请求或许会持有事不关己的态度，他们本身就是管理员工的，而不是管理该员工所从事的业务工作的。其次，人力资源部门对此类情况比较熟悉，了解行业的薪酬状况，也掌握着人力资源储备情况，他们就不会为了任何离职威胁而束缚了手脚。一旦知道自己要和这样的人力资源部门去博弈了，这位员工的立场就会发生变化，也许就会软化下来。

所以，告诉博弈参与者，你对此无能为力，你已经交出了对此事的决定权，你就可以从中成功抽身。这种交出主导权的借口，可以视为你发出的威胁。我所在的大学，每次开党员代表大会或者处级以上干部大会的时候，党委组织部或者人事处就会发出通知，称"因故不能参会的，请直接向党委书记或者校长请假。"这就是一个很明确的交出主动权的方式。在这个通知下，一些因为小事情或者不愿意来开会的同志就会放弃原来的想法，否则就要与学校的最高层领导直接对话，这反而会留下不好的印象甚至影响自己事业的发展，即使真的有一些事情要处理也还不如先放一下过来参会呢。

⫷⫷⫷ 诉讼博弈

在生活中，我们会遇到这样一类诉讼行为：真的打起官司来，原告几乎不可能胜诉，他的目的其实就在于希望通过私了得到一笔赔偿。如果这样的事情发生了，作为被告需要付出的机会成本可能会比较大，要么是辩护费用比较贵，要么是对被告的声誉带来较大损失。一般情况下，被告都愿意支付一笔可观的补偿以求私了。这种事情往往发生在原告与被告之间明显不对等的情况下，比如原告是一个社会地位低下的人，而被告是一个社会地位很高的人；或者原告规模比较小，而被告规模比较大。这完全不同于我们前面谈到的市场进入博弈，在那个博弈里，规模大的企业就具有优势，可以阻止规模小的企业进入。而在这类博弈里，地位高或者规模大反而成了劣势。我们把这类诉讼称为**要挟诉讼**。

我们用下面的博弈来说明这个问题。假设你公司是一家规模很大的食品加工企业，而有一个消费者购买了你公司生产的食品后说自己吃坏了肚子。这时他放出话来，要作为原告对你公司提出指控，当然他提起指控的成本为 c。你公司收到这个消息后，领导层很重视，为了避免可能扩大的声誉损失，就派专人和这名消费者进行协商。经过协商，这名消费者可以接受私了，但是提出了一个你们无协商余地的赔偿金额 s。这样的话，你们公司该怎么做呢？这个博弈如图5-8所示，其中括号内的博弈支付为（原告，被告）。

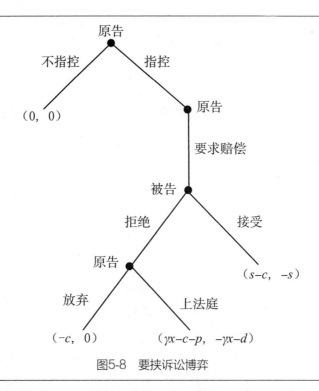

图5-8　要挟诉讼博弈

对你们公司而言，这时就是要决策是否接受原告提出的赔偿金额。如果你们接受了他的要求，那么你们支付给他 s 的赔偿金，原告除去控告成本之外还获得 $s-c$ 的收益。如果你们拒绝了原告的要求，他就会考虑是放弃指控还是继续起诉将你们公司告上法庭。假若他意识到这样下去没有好处，而选择放弃诉讼的话，你们公司没有什么进一步损失，原告则在整个过程中支出了 c 的成本。假若原告还是决定对你们提起诉讼，他会为此支付 p 的诉讼成本，而对你们公司则会带来 d 的应诉成本支出。这里面还有一个问题：这件事闹到法庭上，谁胜谁负还不一定呢。如果原告的胜诉概率是 γ，而一旦他胜诉，法庭就会判你们公司向他赔偿 x。当然，前面我们说了，这类诉讼多半是原告想从中敲诈一笔，而并无实质的胜诉可能，那么 $\gamma x < p$，也就是说原告的期望赔偿小于他起诉的边际成本。

那么，经过这些分析，你们公司就可以从博弈的最后一个阶段入手去思考博弈可能的结果。这个阶段是原告要决策是放弃诉讼还是起诉到法庭，而他在这个阶段的支付分别是 $-c$ 和 $yx-c-p$。其实我们知道，原告的目的在于庭外私了得到赔偿，并不是打官司争取胜诉的赔付，所以将官司打到法庭根本不是他的目的，那么 $-c>yx-c-p$，也就是说，在这个阶段的博弈中，原告会选择放弃。这个结果你们公司是可以预期到的，那么我们回到第二个博弈阶段，此时是你们公司要决策是否接受原告的赔偿要求。由于你们公司预料了原告会在第三阶段放弃诉讼，因此就会拒绝他通过私了赔偿的要求。也就意味着，原告在第一阶段的博弈中提起指控并要求私了赔偿的行为没有意义。因为他如果不进行指控，什么也不会得到，当然什么也不会支出，但是如果他指控了，最后的结果就是付出 $-c$ 的成本。所以这个博弈中原告最好的策略就是什么也不要做，不要指望能够获得私了赔偿。

在实际生活中，如果要挟诉讼可以发生，那么原告就必须在希望通过私了得到一笔赔偿之外找一个看似合理的理由，否则就是自我暴露。但是无论他找的原因是什么，都是有问题的，是经不起推敲的。因为，既然原告将承担诉讼费用，那么他就不可能做出可置信的威胁。即使被告的辩护费用 d 大大高于原告的应诉费用 p，这个原因也是有问题的，因为我们看到了，在博弈的第三阶段中，我们的分析并没有涉及原告和被告这两个变量间的关系。所以，如果原告真的没有可靠的证据证明自己可以胜诉，仅仅是想借机索赔一笔的话，那就不要浪费精力去做这样吃力不讨好的事了。

但是现实中，总有很多人愿意用私了来解决问题，为什么呢？我们不妨来换个思路。首先，假如在上面的博弈中，有 $-c<yx-c-p$，那么原告就会继续起诉将被告告上法庭。那样的话，被告预期到原告会做出这样的行为，就会很自然地在接受还是拒绝原告的要求之间做出决策。其次，假如除了可能败诉引起的赔偿以及应诉成本之外，对被告而言，还有一个外部的声誉损失（不妨设为 $-r$）问题，只要这样的事情发生了，不管是胜诉还是败诉，都会为被告带来不利的影响，而且影响还比较大的话，被告就要比较 $-s$ 和 $-yx-d-r$ 的大小。而如果 $-s<-yx-d-r$，那么被告自然就会接受

原告的要求。这也正是原告所期望的，所以在博弈的起始阶段，原告就会发起指控。这样一来，我们就可以从中发现一些问题了：首先，假如原告也的确掌握了一些重要的证据，而且抱着非要与被告斗到底的态度，同时也心甘情愿地愿意花点诉讼成本也要争取到更大的赔偿金额。其次，再假如被告是一个十分看重或者倚重外部声誉的人，或者说诉讼带来的机会成本是很大的（$-yx-d-r$ 大于或者远大于 $-s$），那他就会想办法——当然包括主动地愿意私底下解决——尽量避免一切可能的损失。那么被告就不会轻易地拒绝原告的请求，也许息事宁人是他最好的策略。所以现实中你看到很多人因为有一些不良的行为被别人抓住了把柄而遭到要挟勒索时，不愿意声张而只有乖乖地给钱消灾。

‹‹‹ 小结

本章首先讲了参与者不是同时出招而是轮流行动的动态序贯博弈，当后一个参与者行动时，很自然地会根据前一个参与者的选择而调整自己的选择，并把自己将来会重新进行优化选择这一点纳入博弈的决策之中。正是博弈参与者的理性预期让那些可能发生但是没有发生的事改变了博弈的结果。在这样的博弈中，行为者往往把自己的利益置于情绪之上，这就产生了一些承诺或者威胁。他们做出承诺时，自然会考虑信守这些承诺对他们是否真的有利；他们做出威胁时，也要想想执行这些威胁是否真的对他们无害。所以，很多时候我们要学着去了解人，不要轻易地相信别人的承诺，也不要轻易地相信别人的威胁，你要证明他们会不会说谎，是不是在说谎。所以，我们在这类附有威胁或者承诺的动态博弈里有一个基本的原则，不是看他所宣称的内容是否可信，而是要看参与者的实际行动是否值得可信。也就是说，有的时候，你表现得不怎么理性反而是会为自己带来好处的。要记住：你在进行决策时，要只畏惧可信的威胁，只相信可信的承诺。

>>> 基础练习

一、寻找可信的威胁。

假如有两个博弈参与者，2号威胁1号说，假如1号参与者对他使坏心，他也会对1号参与者使坏心。那么在以下博弈图中，哪些博弈图能体现1号会相信2号的威胁？

图5-9　好坏心博弈一

图5-10　好坏心博弈二

图5-11　好坏心博弈三

二、**博弈分析**。

1．假设你是公司的管理者，有位员工向你提出加薪的要求，但是你既不舍得他辞职，也暂时不想给他加薪，你该如何巧妙地回绝呢？

2．请你分析以下两个场景中的"承诺"和"威胁"是否值得信赖。

（1）如果一个男孩子给女孩发短信说："亲爱的，你知道我爱你爱得很深，我愿意为你赴汤蹈火，我每天每时每刻都很想见到你，什么艰难险阻也不能阻止我向你靠近。周五下班的时候，如果不下雨，我就一定会过去找你！"

（2）有一位父亲对自己很淘气的儿子说"你再不听话，我就拧掉你的耳朵！"

第6章
合作与协调：让决策实现共赢

游戏结果取决于双方对彼此行为的预期判断，而且彼此也知道双方的预期存在互动性。选手双方必须通力合作，形成默契，找到双方的共识和决定游戏结局的比赛方式。

——托马斯·谢林（Thomas C. Schelling）

"有一种棋局叫两败俱伤",这是我在 2011 年 12 月初观看的一部大气恢宏的电影《鸿门宴》中的名言,这句话出自项羽的谋臣范增之口。影片通过中国历史上那场最著名的饭局,集中再现了刘邦、项羽两个阵营的谋臣志士们在这场饭局间的斗智斗勇。

故事从西楚项羽自立霸王,赤旗刘邦斩蛇起义,后来两个人结为兄弟,但却为了楚怀王的一个阴谋,即"先入咸阳,册封秦王"的游戏生死相搏开始。双方阵营的奇谋范增和妙计张良之间的博弈,将项羽和刘邦之间的水火之仇化为一局剑拔弩张的"鸿门宴"。鸿门宴上项羽逼刘邦杀死张良,最终却让自己走错致命的一步(看到刘邦真的要杀张良,就自负地就此放过了他),从而让张良开始分化范增和项羽。但是当所有人的前程剧变之时,才发现这场"鸿门宴"远未结束。最后,一曲楚歌,张良击溃了江东的八千子弟兵,本该是西楚霸王的天下,却成了刘邦的国家。一个锦囊,范增打垮了汉室的开国功臣,本该刘邦施展抱负治理基业,却因失了信任而惶惶不可终日。

一群昔日英雄,一顿鸿门饭局,一场治世奇谋,一个无奈结局,谁输谁赢?便应了范增在被张良离间之后而黯然离去后说的那句"有一种棋局叫两败俱伤"。

本章我们将向大家讲述有关合作和协调的决策问题。如何通过充分协调的方式将不同行动策略的行为预期转变为合作？如何通过形成合作的解决方案将两败俱伤的棋局变为双赢的格局？

⋯⋯ 山羊博弈（斗鸡博弈）

暮色已近，两只山羊——咩咩和唛唛——迎面而来，都要回自己河对面的家，却遭遇在一个独木桥之上。此时，每只羊都在犯嘀咕"俺该咋办呢？淡定，淡定！我想想哈。我显然有两个行动选择：一个是退回去，另一个是硬往前行进。他肯定也是一样的选择。那结果就会有四种可能哦：一是俺们两只山羊对峙，谁也不让谁，我和他干起来。这种结局很不好，可能最后俺俩谁也回不去，我俩干得头破血流，两败俱伤，说不定还会掉下河，这是谁也不愿意的。二是，我们俩互相退让，都给对方让开一条路，这显得我们俩都好有绅士风度哦，嘿嘿。还有两种可能就是一退一进，要么我要么他。但谁退让谁都会有所损失，或者丢面子或者白白消耗体力。如果这家伙和我一样，都是犟脾气，我不愿退回去，他也不愿退回去。这下咋整呢？俺妈还等俺回去吃晚饭呢……"这个博弈就是山羊博弈，通常也被称为斗鸡博弈（Chicken Game），如图6-1所示。

		唛唛	
		后退	前进
咩咩	后退	1 / 1	2 / 0
	前进	0 / 2	-2 / -2

图6-1 山羊博弈

我们利用划线法分析一下这个博弈，可以得到两个纯策略均衡：(前进，后退) 和 (后退，前进)。但是这个结果存在着非对称性的缺陷：参与者如何知道博弈出现的均衡到底是哪一个呢？即使他们在博弈之前可以相互通气，我们也很难解释为什么会出现不对称的结果。你还应该知道，前面我们提到过的纳什均衡的奇数定理吧？那么这个博弈里面已经有两个纯策略纳什均衡，是否还存在一个混合策略纳什均衡呢？我们利用讲过的参与者的反应性方法，来计算一下就可以得到：哞哞的混合策略是 (2/3, 1/3)；咩咩的混合策略是 (2/3, 1/3)，即都会以 2/3 的概率选择后退，以 1/3 的概率选前进。这样的话，两只羊都会以相等的概率选择混合策略。

现在我们来考虑一个问题，即两只羊负伤的概率有多大？他们都不受伤的概率又是多大？如果这两只羊都要前进互不避让的话，就是干起来了，这个时候，他们有 1/9 (1/3×1/3) 的概率遭遇一场羊羊大战，都身负重伤。如果他们不正面斗争的话，或一方退让或两方都退让，就有 8/9 (1−1/9) 的概率不会受伤。

在现实生活中，这样的事例太多了。2015 年爆发的滴滴与 Uber 之间的资本战争就是一个典型的斗鸡博弈。在这个博弈中，双方在胜负暂时难分的背景下最终选择了协调合作的方式，2016 年 8 月 1 日，滴滴出行宣布与 Uber 全球达成战略协议，Uber 中国的业务未来将交由滴滴运营，Uber 全球将持有滴滴 5.89% 的股权，相当于 17.7% 的经济权益。我多次在上经济学课的时候和我的学生探讨过这样一个问题："为了争夺中国市场，滴滴和 Uber 长期肉搏，双方以几乎疯狂的姿态对每个出行订单进行补贴，他们明知这是一种恶性竞争，为何还要不惜代价呢？"其实，这场资本大战本质上应该是一个斗鸡博弈。现在，本书就为你分析一下这个博弈决策行为。

如果可以把滴滴、Uber 两家公司的立场分别简化为类似于两只羊那样的"进攻"和"避让"，但因为双方资本以及规模不平等，加上 O2O 商业模式对司机、乘客、社会的影响，两家公司的收益及损失必然不同，为非零和博弈。该博弈的结果无外乎四种可能性，具体见图 6-2 所示。

	滴滴		
		进攻	避让
Uber 进攻		(50) (40)	40 70
避让		80 40	90 70

图6-2　滴滴与 Uber博弈

　　滴滴"进攻"，Uber"避让"。如矩阵图的左下框所示。此时的滴滴可以通过猛烈地烧钱扩大市场份额稳固自己的市场地位，并会借此机会实施扩张战略而获得收益，而 Uber 不实施"烧钱"策略的避让行为虽然减少资本风险，然而很有可能丧失有利的竞争时期，甚至彻底改变中国专车的格局。此时，滴滴得到 80 个单位的支付，Uber 得到 40 个单位的支付。

　　滴滴"避让"，Uber"进攻"。如矩阵图的右上框所示。Uber 作为一家进入中国市场不久的公司，发起进攻对司机奖励可以让更多的车辆上路，降低出行成本，对乘客补贴可以让订单量增多并提升乘客的使用依赖度。而滴滴不实施"烧钱"策略的避让行为虽然保持了资本实力，但其市场份额将在短时间内被 Uber 迅速抢夺。此时，滴滴得到 40 个单位的支付，Uber 得 70 个单位的支付。

　　滴滴和 Uber 均选择"进攻"。如矩阵图的左上框所示。资本大战爆发，短期分出胜负，滴滴占优，挤占到更多的市场份额。Uber 也因为参与到这场肉搏得到一些市场，也赢得了乘客一定的赞誉，但是毕竟因为自身的市场份额基础较弱而被滴滴打压下去。此时，滴滴得到 50 个单位的支付，Uber 得到 40 个单位的支付。

滴滴和 Uber 均选择"避让"。如矩阵图的右下框所示。虽然在短期内两家公司同样选择了烧钱策略，然而从长期来看，双方都付出了沉重的代价，并很难在短时间内分出胜负。据英国《金融时报》报道，为争夺在中国交通市场的霸主地位，滴滴和 Uber 一年内消耗了超过 10 亿美元。然而投资人入局是为了获利的，因此双方经过多次协商才达成停止烧钱、合并公司且谋求上市的战略。虽然表面看来，Uber 被收购，然而他并不是彻头彻尾的输家，毕竟 Uber 的创始人和投资人都赚到了很大一笔。此时，滴滴得到 90 个单位的支付，Uber 得到 70 个单位的支付。

经过分析，我们知道，这个博弈的均衡应该为（进攻，避让）和（避让，进攻）。但是实际上的结果并非如此，而是双方展开了网络混战。从结果上看，虽然这不是一个很好的选择，两家公司因兵戎相见而两败俱伤，但是对双方而言也可能是一个最好的结果，因为斗争也是一种"造势"，"造势"则是为了今后的长远发展。最后，Uber 仿佛顿悟了，就在中国本土与先行者滴滴出行拼刺刀见红这件事上，与其拼尽全力依然只能屈居亚军，还不如变通一下共同分享成为冠军的喜悦呢。于是，这家硅谷巨擘干脆举起了白旗。

因此，在滴滴和 Uber 这场类似斗鸡博弈的大战中，双方不仅要考虑博弈本身的策略，还要考虑其他有关的一切因素，站在他们的角度，"最优的选择"就是双方都选择进攻。利用手上的一切资源，如用户基数、政府关系、使用者黏性和舆论关系，迅速行动，开发新产品，多方面施压，快速压制对手。所谓"成者为王，败者为寇"就是这个道理。

其实，在这样的博弈中，要想取胜，就要在气势上压倒对方，至少要显示出破釜沉舟、背水一战的决心来，以迫使对方退让。但到最后的关键时刻，必有一方要退让下来，除非真正抱定鱼死网破的决心。但如果把自己放在对方的位置上考虑，前进的一方就应该给予退让的一方以补偿，只要这种补偿与损失相当，就会出现退让者。

另外，这个博弈还告诉我们，遇到互不相让事情的时候，如果双方都换位思考，他们可以就补偿进行谈判，最后达成以补偿换退让的协议，问题就解决了。博弈中经常有妥协，双方能换位思考就可以较容易地达成协议。考虑自己得到多少补偿才愿意退，并用自己的想法来理解对方。只从自己立场出发考虑问题，不愿退，又不想给对方一定的补偿，僵局就难以打破。

∷∷∷ 情侣博弈

有这样一对热恋中的情侣，不妨就称为男方和女方，他们都是工作繁忙的公司主管，今年的 2 月 1 日是他们认识一周年的纪念日，上午他们俩约好一起度过一个美丽的夜晚。下班后，两人见面后却为晚上如何度过争执了起来。因为，很巧合的是，晚上在大田湾体育场有一场本地球队和大连万达队的出线比赛，男方便想去看足球比赛。而此时，在奥体中心也有一场张学友的演唱会，这正是女方喜欢的，女方则表示要去听。双方一时半会争执不下。这就是情侣博弈，也称恋爱博弈，正式名称为"性别之战"（Battle of Sex）。

说起来很抽象，我们不妨用前面谈过的博弈支付矩阵来作一番定量分析，假设男方看足球赛的满意程度为 1 个单位，而听演唱会的满意程度为 0 个单位；女方听演唱会的满意程度为 1 个单位，而看足球赛的满意程度为 0 个单位；两人在一起，或看足球赛或听演唱会，满意程度都会因为今晚共度周年纪念日的时光而各自提高 1 个单位。当然，如果双方没有在一起参加活动的话，就会因为错过了这个周年纪念日而各自损失 1 个单位的满意程度。对此，我们可以得到图 6-3 所示的博弈矩阵。

	女方	
	足球赛	演唱会
男方 足球赛	<u>1</u> <u>2</u>　　0	0 0
演唱会	-1 -1	<u>2</u> <u>1</u>

图6-3　情侣博弈

　　很显然，男女双方的纯策略纳什均衡是（足球赛，足球赛）和（演唱会，演唱会），即他们两个人要么都去看足球赛，要么都去听演唱会，这两种情况达到了该博弈的纳什均衡。这个博弈还有一个特征就是，每一个参与者都不存在优势策略，因为不管是男方还是女方，都会发现自己的最优策略取决于对方的选择。如果男方选择看足球赛，那么女方选择看足球赛的满意程度最高；如果男方选择听演唱会，那么女方选择听演唱会的满意程度最高。给定女方的选择，男方的策略选择亦如此。另外，这个博弈的两个纳什均衡点都达到了最优的结局。当处在两个纳什均衡点时，如果男方或女方改变他们的策略选择，导致的结果是让双方都不满意。

　　很明显，尽管情侣博弈中的两个纳什均衡都是有效率的，但这个博弈的不确定性导致低效率的情况可能发生。如果男女双方见面后，考虑到时间紧迫，且双方没有协商一致，那么就会出现单独决定自己的行动，男方去看足球赛，而女方去听演唱会，双方虽然都参与了自己喜欢的活动，但是没有在一起共享这个夜晚，最后各自获得 0 单位的满意度。更糟糕的情况是，男方和女方都很尊重对方意见反而各自去做对方想做的而自己不想做的事，尽管这种不可能发生，但是我们还是把它写出来，这时男女双方各自获得 −1 单位的满意程度。当然，在现实中，严重一点的话，如果男女双方见面后便为此争吵，且彼此互不相让，甚至上升到"相识一周年都不听我的，那就是不爱我"这样的高度，那么只好各自回家，或者闹分手，当然这等事情不在此博弈之中。

当然，作为热恋中的情侣，应该姿态放高一点，以显示自己对对方的喜爱。比如，男方知道女方喜欢听演唱会，就可以对她说"亲爱的，我知道这是你期盼已久的演唱会，我们今晚去听吧，过一个有意义的相识周年庆。"这样的话，估计会让女方深受感动，两个人的感情也会得到加深。所以，对于此类问题，如果多为对方考虑一下，也是一个很高尚的决策出发点。

我们再来看一下，这个博弈是否有混合策略纳什均衡呢？经过简单计算，我们得出来男女双方的混合策略都是（1/4，3/4），即 25% 的概率选择看足球赛，75% 的概率听演唱会。如果两个人按照这个混合的策略出招的话，显然这个博弈可以达到均衡。为了改变这个博弈中存在的非对称性的缺陷，如果两个人中有一方先出招，则可以将一个模糊的策略改变为清晰的纯策略，就或许会引起博弈均衡的转变。

常言道：先下手为强。情侣博弈的结果在大多数情况下会体现先动优势，即先采取行动的一方会占据一些优势，获益多一些。比如，在两人还没有商量晚上具体安排的情况下，男方先打电话给女方说："亲爱的，我最喜欢的足球队今晚在大田湾体育场比赛，我们一起去看好不好？"他们是热恋中的情侣，既然男方已经抢先自己一步提出了去看足球赛，女方还会坚持要听演唱会而扫恋人的兴吗？肯定不会的。反过来，如果是女方先打电话给男方说，想让他一起去听演唱会，男方也同样不会驳女方的面子而自私地非拉她去看足球赛不可。你说是吧？

如果两个人其中一个觉得打电话要求还不能保证效果，那么，干脆将"先下手为强"做到底。比如，男方直接买了两张足球赛的票，然后打电话告诉女方："亲爱的，我最喜欢的足球队今晚在大田湾体育场比赛，为了让你也领略足球的魅力，我买了两张票，你和我一起去哈。"你说，这种情况下，女方还能拒绝吗？毕竟那不是一杯咖啡，而是一张球赛，票价还是挺贵的。同样，女方先买了演唱会的票再告诉男方，效果也是一样的。

假如，男女双方之中有一方比较强势，就好比女方有很多追求者，给男方会带来无形的压力。那么女方可以告诉男方"我们晚上去听演唱会吧，我们公司的郑军约了我两次我都没去。"你说，这时，男方还会坚持自己想看足球赛的想法吗？同样地，男方如果英俊潇洒又才华横溢的，女方也感受到了来自于他身边女性朋友的压力，那么当男方说出"我们晚上去看足球赛吧，我们公司的于婕下午还问我呢。"女方还有理由不把握这个机会吗？当然，这样既不先买票，又要达到最佳效果的策略，是需要一定条件的，那就是双方的条件或优势不对等，会让一方感受到明显的压力。

总而言之，社会交往、商业谈判也好，企业经营、政治协商也罢，都需要一种决策艺术。这种决策的成功并不是消灭冲突，而是如何有效地协调解决冲突，都需要把双方协调到均衡一个上去。不然的话，或者相互谦让，或则相互拆台，都不是很理想的情况。因为我们不可能生活在一个没有冲突的世界里，所以更应该协调处理好这类问题，解决的方法可以通过默契（主动谦让）或者强势行动（先下手为强）来实现。上述恋爱中的情侣博弈就是一个很好的启示。

❮❮❮ 智猪博弈

话说，某个猪圈里养有两只猪，一只个头比较大，另一只个头比较小，我们不妨将他们称为大猪和小猪。我们假设这个猪圈比较大，猪圈里面的左边那头有一个踏板，右边那头是饲料的出口，安放有一个食槽。如果一只猪在猪圈左边踩一下踏板，在猪圈右边的投食口就会落下相当于 10 个单位的猪食并进入食槽内，但是不管哪只猪去踩动踏板并再跑到食槽那边去进食，都要付出相当于 2 个单位猪食的劳动成本。很显然，因为猪圈比较大，所以如果有一只猪去踩踏板，另一只猪就有机会抢先吃到另一端落下的食物。当小猪踩动踏板之后，大猪会在小猪跑到食槽

之前吃到 9 个单位的食物，待小猪呼呼地再跑到食槽这边，只能吃到 1
个单位的食物；若是大猪踩动了踏板，小猪可以吃到 4 个单位的食物，
大猪还有机会吃到剩下 6 个单位的食物。而如果两只猪都同时去踩踏板，
然后再跑回来抢食吃，那么大猪可以抢到 7 个单位的食物，小猪可以抢
到 3 个单位的食物。这就是智猪博弈（Boxed Pig Game）描述的现象。
我们将这两只聪明可爱的猪之间的博弈矩阵表现为图 6-4。现在的问题
是：两只猪各自应该采取什么策略呢？博弈均衡是什么呢？我们又能从
中得到什么有价值的理念和启示呢？

![猪]		小猪	
		行动	等待
大猪	行动	1 5	<u>4</u> <u>4</u>
	等待	-1 <u>9</u>	<u>0</u> 0

图6-4　智猪博弈

　　根据图 6-4 的支付矩阵可知，这个博弈的均衡策略是（行动，等
待），即大猪去踩踏板，小猪守候在食槽旁等吃的。因为小猪踩踏板将
一无所获，不踩踏板反而能吃到食物，所以对小猪而言，无论大猪是
否踩动踏板，自己不踩踏板总是最好的选择。反观大猪，尽管他知道
如果小猪去踩踏板，自己会得到最好的支付，但是他也明知道小猪是
不会去踩动踏板的，那么，自己亲自去踩踏板总比不踩强吧，所以大
猪只好亲力亲为了。所以在这个博弈里，小猪将选择"搭便车"的策略，
就是舒舒服服地等在食槽边；而大猪则要为了获得好的收益去耗费精
力地踩踏板，然后再去吃小猪剩下的食物。如果每天都如此，那么大
猪就要不知疲倦地奔忙于踏板和食槽之间，而小猪则很悠闲地守株待
兔以择机而食。

这个博弈中，大猪代表了一个实力比较强的群体，而小猪而代表了实力比较弱的群体。博弈的结果是竞争中的小猪（弱者）应以等待为最佳策略。像小猪一样，知道如何利用他人的努力来为自己谋求利益的博弈参与者是最大的受益人，因为他不必付出什么劳动就能获得自己想要的东西。现实中，许多人虽然并未读过"智猪博弈"的故事，但是却在自觉地使用小猪所采取的策略：股市中有一些散户，他们所希望的事情就是等待庄家进入并拉升股价；市场中有一些游资，他们总是在等待产业市场中出现具有盈利能力的新产品并继而大举仿制牟取暴利；公司里也难免会有一些本身不创造业绩或者效益但却要分享发展成果的人，等等。当然，这些"小猪"们要思考的关键问题就在于如何让博弈对手心甘情愿地按照自己的期望去行动。

在现代社会的职场中，在一起工作时间久了的同事，就会对彼此的做事规则和能力大小都一清二楚，就逐渐形成了"大猪"和"小猪"的阵营。踏实勤奋的"大猪"们知道有心计的"小猪"们会投机取巧，坐享其成；这些"小猪"们也知道"大猪"们或碍于面子或出于责任心，愿意主动去完成工作任务。基于这样的考虑，"小猪"们当然会坐在一旁，逍遥自在地看着"大猪"们忙前忙后。等老板或者上司安排的各项工作任务完成之后，"大猪"们的确为此付出了很多心智和劳动，但却没有得到额外的相应回报；"小猪"们装模作样，报酬一分也不会少拿，享受了"大猪"们带来的好处。因此，当我们面对着这个竞争激烈的职场，身处多方利益博弈的圈子中，一个比较好的职场生存法则就是：既要做老实勤奋踏实肯干的本本分分的"大猪"，也要学会适时地做一只头脑灵活懂得取巧的"小猪"。

上述小猪的等待行为就是美国经济学家曼库尔·奥尔森（Mancur Olson）于1965提出的"**搭便车问题**"，其基本含义是不付成本而坐享他人之利。这样的例子在我们的生活中比比皆是，比如：在美国五大湖旁边有很多灯塔，这些灯塔并不是由船运公司兴建的，但是他们却可以得到同样的照明和指示服务；一个国家中的高收入者会支付高额税收，但是那些不纳税或者低税收贡献者也不会被排斥享受较高的医疗和教育等高福利；如果你想去某个景点很久了，但是一直没有机会去，正好你的同事要开车前往，你顺便跟着他的车子一起去了一趟。……这些都是"搭便车"的例子。上述职场中的投机取巧的"小猪"们也是搭了踏实勤奋的"大猪"们的便车。

因而，对于那些在企业经营管理中制订各种游戏规则的人而言，深谙"智猪博弈"其中的道理就很重要了。因为这个博弈中呈现出来的"小猪等着大猪踩"的现象正是由于本博弈故事中的游戏规则所导致的。对于社会而言，因为"小猪"们未能参与竞争，"小猪"们搭便车时的社会资源的配置其实并不是最佳状态。为使资源最有效配置，游戏规则的设计者——不管是政府机关还是企业的老总们——本身是不愿意看见有人搭便车的，都希望人尽其用，而能否完全杜绝"搭便车"现象则是一个很值得费神的问题了。关键就要看游戏规则的核心指标，也就是每次踩踏板的消耗（其实也就是踏板与投食口之间的距离）、每次落下的食物数量，设置的是否合适了。如果改变以后不会再出现猪圈里"小猪等着大猪踩"的景象就是一个完美的方案了。

这里，本书不妨给出一个可能的方案——减量移位，也就是说每次的投食量仅是原来分量的一半（5 个单位），同时将猪圈的投食口移到踏板附近（不必因为踩踏板而消耗 2 个单位的体力）且食槽设计的要比较狭窄，不能容下两只猪一起进食。这样一来，坐着等待的猪就不会吃到食物，而主动劳动（踩踏板）的猪就可以吃到食物，而且因为每次投食量减少，无论大猪还是小猪，它们踩踏板所获得的食物都可以被自己吃完。这样的结果就是小猪和大猪都在拼命地抢着一边踩踏板一边扭头吃食物。所以，对于规则设计者，这是一个可行的方案，成本不高且收获最大。除此以外，你自己试试分析一下其他可能的方案吧，看看效果哪一个更好呢？不管如何，目的就是促进效率的提升，削弱或者消除搭便车的行为。

如果你是一个组织的管理者，又如果你想改变目前存在的一些员工搭便车的结果，那就不妨试试改变一下相关制度规则及其考核指标。

‹‹‹ 交通博弈

在日常生活中，我们都知道，按照国内的交通通行规则，不管是开车还是步行都应该靠右行。这里其实还有很多故事。从历史上考察，许多交通规则一开始并不体现为法律，而是长期演化而来的。在欧洲大陆的早期，道路行走规范是非常地方化的，有些地方采用靠左走的习惯，有些地方采用靠右走的习惯，是不统一的。只是随着道路的增加和地区间交往的扩大，地方性习惯才逐渐演变为区域性的规范。直到 19 世纪，道路规则也仅仅是作为规范而得到遵守，并非是作为交通法律而得到执行。现在欧洲大陆实行靠右走的规则，最早兴起于法国。在法国大革命以前，贵族的马车习惯上是靠左行的，穷人在路上看到富人的马车来了就要站在马路的右边。因此靠左行与"特权阶级"相联系，而靠右行被认为更"民主"。法国大革命之后，政府规定所有的车都要靠右走。随着拿破仑对欧洲大陆的征服，拿破仑将法国的规则带给了欧洲，当然也包括靠右行驶的规则。从地域上看，这个规则的转变是从西到东逐步完成的，例如，与靠右行的西班牙接壤的葡萄牙是在一战之后才改为靠右行的，奥地利则是从西到东一个省一个省逐步改变的，匈牙利、捷克和德国等是在二战前才由左行改为右行的。瑞典一直到 1967 年才通过法律宣布从靠左行改为靠右行。

假设在一条路上相向而行的甲乙两个人，如果都向左或者都向右那么他们就不会相碰，各自获得 1 个单位的支付，但如果两个人之中有一个靠左向前走而另一个靠右向前走，那么他们就可能走起来不方便，甚至发生碰撞，各获得 0 单位的支付，这个博弈的支付矩阵如图 6-5 交通博弈所示。

🚦		乙	
		靠左	靠右
甲	靠左	<u>1</u> <u>1</u>	0 0
	靠右	0 0	<u>1</u> <u>1</u>

图6-5 交通博弈

经过分析我们知道，这个博弈有两个纯策略纳什均衡（靠左，靠左）和（靠右，靠右），以及一个混合策略纳什均衡（50%，50%）。在作出策略选择时，每个参与者唯一需要关心的就是对方选择了是靠左还是靠右，并据此作出自己的选择。在这里，只要给定对方的选择，参与者就没有激励以偏离均衡策略；或者即使不给定对方的策略，参与者也只能通过协调来实现均衡。从上述的博弈支付矩阵中可以知道，参与者其实并不需要考虑该博弈的支付及相关策略的风险性，博弈的最终结果，即到底是哪一个均衡，完全取决于参与者之间是否选择了相同行动的预期，也就是说二者之间的行为协调是非常重要的。

很显然，在这个交通博弈中，每个参与者的策略问题是：他希望和他的对手就策略选择问题进行"协调"，因为不管对手如何选择，他们之间进行协调的结果总是最好的。这类博弈就是**协调博弈**（Coordination Game）。而且上述交通博弈是一个对称协调博弈，这是一类特殊的博弈，均衡的选择不仅要满足参与者预期的一致性，而且要满足参与者行动的一致性，因此，博弈结果必定收敛到纯策略而不是混合策略纳什均衡。对此，阿马蒂亚·森（Amartya Sen）在1967年的论文中，将一个协调博弈称为"信心博弈"，并指出，协调博弈与囚徒困境博弈刚好相反，每个参与者选择策略 A 或 B，仅仅需要确信对方也会相应地选择 A 或 B。他们不像合作博弈那样需要一个有约束力的契约之类的东西，而是更需要在彼此之间确立一种相互信任的信心。

现在我们来思考这样的问题：在交通博弈中，大家每天都要出门行走，时刻都要遇到这样的问题，即所有的参与者之间都要进行重复的博弈，那么为何不建立一种规则体系呢？同时，这类协调博弈的均衡往往具有不确定性和多样性，即哪一个均衡所确立的规则将被选择具有随机特征，那为何不明确其中的一种供大家遵守呢？对此，我们不难想象，与其在每次出现这类问题时都去尝试用协调的办法去解决这个博弈，远不如在行为人之间建立起某种行为或惯例这样一种稳定的均衡模式，或者是（靠左，靠左），或者是（靠右，靠右），从而可以使得参与者在此后遇到类似问题时都可以加以遵循，而不需要反复支付信息成本和交易成本。但不管怎样，只要相应的一种行为模式或者规则体系被广泛地接受，并被自觉地遵守，就都可以形成一种具有约束力的习俗或秩序，并且这将有助于包括所有社会或群体成员，避免以后类似博弈中无效率的非均衡收益。

下面我们再看一个关于交通制度设计的博弈。我们国家每年因为交通事故会死去很多人。这里面主要的原因之一就是那些不遵守规矩的行人或者车辆竞相抢行，缺少了礼让的行为规范。假设你是一个行人，要过人行道，还有一辆汽车要过十字路口。如果汽车司机礼让，你也礼让的话，你们相互得到尊重且都可以最终通过，假设各自可以获得 7 单位的支付。但是如果汽车司机礼让，而你不礼让的话，你就占了便宜，抢了通过的先机，获得 9 单位的支付，而对方只获得 1 单位的支付。如果你礼让而汽车司机不礼让，那么汽车司机获得 9 单位的支付，你获得 1 单位的支付。如果你们都不礼让而相互抢行，那么都将获得 2 单位的支付。这样一来，就形成了一个囚徒困境博弈，你不妨自己给出这个博弈的支付矩阵，博弈的均衡就是大家都不礼让，即（抢行，抢行），因为抢行是优势策略。但是结果就造成了交通的混乱，交通伤亡数目也增加。

面对着这种情况，我们该怎么办呢？如何避免可能形成的囚徒困境呢？建立一套制度规范吧。首先，我们可以禁止汽车抢行，一旦发现就处以"极刑"，将司机的驾照取消，并且五年内不准再申领。但是这还不够，因为一旦汽车被禁止了抢行，那么行人就会变得更加有恃无恐，那也要惩罚行人，抢行的行人将被罚款 1 个单位的支付。我们不妨分析一下这个新的博弈，如图 6-6 带惩罚制度的交通博弈。

⚠ 行人		礼让	抢行
汽车	礼让	7 / 7	6 / 1
	抢行	1 / 9	2 / 2

图6-6　带惩罚制度的交通博弈

　　因为这个制度规定，汽车遇到行人的时候，不准抢行，只能礼让，那么我们先把博弈矩阵中的下方用一条实线划去，表示这是一条强硬规定。那么博弈实际上就是在该矩阵图的上半部展开的。我们再假设，行人也不能随便抢行了，因为抢行会受到处罚，只能获得 6 单位的支付。所以，这个博弈最终的均衡就是（礼让，礼让），即实现了大家都遵守规则的一个均衡。当然，这个好的结果是靠制度框架实现的。如果有一天，我们大家都自觉地形成了一种行为规范和良好的社会责任意识的话，我们就实现了交通通行中相互礼让的局面。相信到那时，交通事故的发生率也就会大幅下降了。

⋘ 猎鹿博弈

　　我们下面再来看一个有意思的猎鹿博弈。该博弈说的是，有两个猎人，他们生活的环境内只有鹿和兔，而他们可以合作去猎鹿（因为鹿的个头比较大，需要两个人合作可以成功），也可以单独去猎兔。如果合作猎鹿，那么两个都可以分得 10 个单位的支付；如果一个人去猎鹿而另一个人去猎兔，那么前者支付为 0，后者支付为 4；如果两个人而都去猎兔，那么他们都可以得到 4 单位的支付。博弈的支付矩阵如图 6-7 所示。

		乙	
		猎鹿	猎兔
甲	猎鹿	<u>10</u> 10	4 0
	猎兔	0 4	<u>4</u> <u>4</u>

图6-7　猎鹿博弈

在这个博弈中，只要对方愿意开展合作，甲和乙的最优行动选择就是选择合作，大家一起去猎鹿，这显然比一起去猎兔要好得多。如果一方不愿意合作，那么另一方最好的选择就是独自去猎兔，因为这个时候你去独自猎鹿是白搭功夫，将一无所获。经过对该博弈的支付矩阵分析之后，我们可以知道，这个猎鹿博弈有两个纯策略纳什均衡（猎鹿，猎鹿）和（猎兔，猎兔），以及一个混合策略纳什均衡（2/5，3/5）。而且，我们还可以看出来，这两个纯策略纳什均衡存在着严格的优劣关系，（猎鹿，猎鹿）显然帕累托优于[①]（猎兔，猎兔）。这个博弈均衡的选择不仅依赖于每个参与者对其他人是否选择相同行动的预期，而且依赖于参与者对风险与支付的态度。在这里，猎兔策略(猎兔,猎兔)是一个保守的策略，猎鹿策略（猎鹿，猎鹿）则是风险占优的。当然，由于行动结果的不确定性使猎鹿策略具有较大的风险。所以，在这个博弈的均衡选择中涉及的行为预期、风险性大小和收益性高低都是非常重要的因素。

通过前面的分析，我们知道，协调是处理博弈活动之间相互依赖的一个过程。但是面对着有些情况，如果博弈的支付发

[①] 帕累托效率，是经济学中的重要概念，是以意大利经济学家维弗雷多·帕累托（Vifredo Pareto）的名字命名的。如果对某种资源配置状态进行调整，使一些人的境况得到改善，而其他人的状况至少不变坏，符合这一性质的调整被称为帕累托改进。这个改进后的状态帕累托优于改进前的状态。

生了变化的话，也许协调博弈就变成了囚徒困境博弈了。一般而言，我们平时说的互动有两种形式：

其一是协调。协调是指一个参与人获得的支付依赖于其他参与人是否选择了相同行动，如交通博弈是靠右还是靠左，如果两个相向而行的参与者选择不同的方向行进，那么他们会相撞，而选择相同方向则可以顺利通过。

其二是合作。合作是指既存在协调又存在冲突的博弈。存在协调是因为两个参与者同时改变行动策略可以变得更好，存在冲突则是因为尽管其他参与者承诺选择某一个行动，也不一定有利于该参与者支付的增加。有协调的博弈中，行为选择可能引起无效率；有冲突的博弈中，行为选择则意味着无效率状态会成为博弈的均衡。

为了更清楚地说明协调与合作的有关问题，我们用图 6-8 所示的矩阵进行说明。

图6-8　合作与协调博弈

根据我们前面已经谈到的博弈问题，我们可以知道：(1) 如果 $\beta \geqslant 10$，那么就变成了囚徒困境博弈。博弈参与者的个人理性并不满足集体的理性，博弈拥有一个唯一的均衡（欺骗，欺骗）。(2) 如果 $4 \leqslant \beta < 10$，那就变成了猎鹿博弈，这是一种协调博弈。这类博弈的策略不确定性会引起不同的博弈均衡，博弈结果依赖于参与者之间的行为预

期、博弈支付高低与策略的风险性大小。（3）如果 $\beta<4$，博弈的支付占优与风险占优是统一的，博弈参与者双方的偏好就具有一致性，这是一种最小努力型博弈。该类均衡结果依赖于行为预期与博弈支付，而与风险性大小没有关系。

据此，我们知道博弈支付值 β 的变化会对合作与协调产生影响。（1）在囚徒困境博弈中，支付值 β 越大，不合作的激励就会越大，追求个人理性的参与者就使博弈更容易偏离集体理性的目标。（2）在猎鹿博弈中，随着支付值 β（$4\leqslant\beta<10$）的增加，参与者对博弈达到支付占优均衡的期望值就会越少，那么参与者选择合作的风险性就会越大，博弈更容易偏离（合作，合作）这一纳什均衡。（3）在最小努力型博弈中（$\beta<4$），尽管参与者的行为策略组合（欺骗，欺骗）是一个纳什均衡，但是 β 值越小，博弈的参与者更加容易选择合作策略，该博弈的这一个均衡就会面临更大的风险。

∴∴∴ 大规模协调博弈

现在很多人都形成了一种习惯，每天上班打开电脑就开始登录聊天软件，那么请问：你为什么会使用 QQ 或者 MSN 这类聊天工具？如果你的朋友很少有使用这类工具的，你还会用吗？现在看来，这似乎是一个很傻很天真的问题，但其实不然。你之所以使用这些聊天工具，无非就是通过这些工具和你的朋友进行交流，如果你的朋友都不使用这类工具，那么你就无法发挥出这些聊天工具的价值。如果你只有几个朋友在使用 MSN 这种即时聊天软件，却有大量的朋友在使用 QQ 这种即时聊天软件，那么你会更倾向于选用哪种进行交流呢？我想你会毫不犹豫地说，选择 QQ，但这是为什么呢？

在经济学中有一个很重要的概念，叫做**网络外部性**（Network Externality），有时也被称为网络效应，它指的是，如果一种产品对消费者的价值会随着其他使用者数量增加而增加，这种产品就具有网络外部性。也就是说，网络外部性是指拥有产品的人越多，这种产品的价值就会变得越高。具有网络外部性的产品或者事物有很多，上面说的聊天软件是这样，你的手机和座机也是这样，你用的电子邮件系统也是如此，航空公司的航线也是如此，还有你所使用的交流语言等等，它们在我们日常生活中到处都是。

当只有你一个人使用聊天软件时，这时你所获得的价值就是它的自有价值，它等于你和你自己聊天，因为只有一个网络节点，你还能跟谁聊呢？假设此时该产品的价值为1。如果再有一个人使用这种聊天软件，你可以和他进行交流，这个产品就有了两个网络节点，你就从中获得了协同价值，这时该产品的价值等于2。当有第三个人使用这种聊天软件时，网络节点增加到了6个，其网络价值也就等于6……如此类推下去，如果有成千上万的人在同时使用这种聊天软件的话，这个网络就变得很大，其网络价值就很高了。你日常中使用的电话（不论是座机还是手机）也是这样，如果只有你自己有电话，而你认识的人都没有，那电话对于你就充其量是一个摆设而已，什么用处都没有。而如果你周围使用电话的人越多，你的这部电话所起的作用就越大。

作为一个学者，我在做学术研究时要经常写文章投稿，我本人比较喜欢PDF这种格式，它可以很方便地保存文档，不至于让文字、段落和图表等在不同的系统环境下产生变形，所以我用Word写好的文章一般都会保存为PDF这种格式。但是如果我要投稿到杂志社的话，我是不会这么做的，我既不会选择用PDF格式的文档去投稿，也不会用Tex写东西投稿，而是选择用Word进行。而且在投稿时，在使用Word进行编辑保存文档时，我一般也是采用它早期的版本，比如Word2003版，而不是采用较新的版本，如Word2016版。因为我知道，如果我采用了这些编辑软件进行写作时，难免会让编辑部和审稿人打不开，为了避免这样的结果，我还是选择大家都习惯使用的工具好些。我们要记住，因为网络外部性的存在，我们在选择产品的时候就不光要考虑这个产品本身的好坏、功能的强弱，还得考虑这个产品被使用的广泛性。

正是源于这种网络外部性，假如有成千上万的人在同时进行一次性博弈，那就形成了**大规模协调博弈**。而且，网络外部性往往带给人们"从众心理"，这也使得这类产品更为普及。也就是说，那些得益于网络外部性的博弈参与者，往往会形成"赢家通吃"的局面。那些市场竞争的最后胜利者获得所有的或绝大部分的市场份额，而失败者往往被淘汰出市场而无法生存。这类现象已经渗透到经济社会里其他众多层面上。

我们再来看一个例子。我到美国密歇根州立大学访问学习时，曾经试图在那儿的网上下载一些影视和软件，但是根本无法下载，都是被禁止下载或者需要收费的。这让我想起在国内随心所欲地下载一些资料的时候，就会感慨这是两个完全不同的环境。通过这一点，我们也可以知道，在美国这些发达的国家，版权保护意识是很强的。记得在 2008 年，我在国内曾经试图买一套正版的 Windows Xp 操作系统安装盘，但是需要一千多元，我实在舍不得，最后还是使用了从朋友那里借来的软件进行安装。后来我才知道，我朋友的安装盘也是在地摊上买的盗版软件。可想而知，在我们周围使用微软公司 Windows 系列操作系统的用户有多少是正版的呢？又有多少不是盗版呢？但是，面对着这种情况为什么微软公司会在一定程度上默许这种盗版的泛滥呢？我们用一个如图 6-9 所示的博弈解释如下。

Windows	乙	
	Windows	其他
甲 Windows	兼容一致 便于交流	可能不兼容 不便于交流
甲 其他	沟通困难 不便于交流	兼容一致 便于交流

图6-9 操作系统使用博弈

有两个用户都需要在电脑上安装操作系统。如果两个人都安装微软公司的 Windows Xp 操作系统，两个人在电脑上使用的一切软件可以很好的兼容，电脑使用起来也是一样的操作方式，便于交流。如果两个人都安装其他操作系统，也可以实现这两点。但是如果这两个用户，一个使用 Windows Xp 操作系统，另外一个使用其他操作系统，问题就来了，各自所使用的软件可能会不兼容，操作方式也不一样，交流起来比较困难。这样一来，他们两个人就要考虑使用哪种操作系统的普及率更高。

而微软公司在一定程度上默许了盗版的泛滥，实际上就是让自己的产品在市场上逐步深入，得到了更多的使用客户，从而让新使用者首先想到的就是要配备安装微软公司的 Windows 系列操作系统，从而充分发挥其产品的网络外部性。而其产品的网络外部性价值的增加也终将会弥补微软公司因为被盗版而受到的损失。所以，我们可以说，容忍盗版，其实是微软公司一个很高明的策略。正是盗版帮助了微软公司在中国的发展，没有盗版就没有微软如今在中国市场上的垄断地位。而如今，微软公司已经在中国树立起了垄断地位，除了研究之外，一般的电脑都是安装微软公司的 Windows 系列操作系统。由于这种垄断地位已经形成，网络外部性得到了最大化展现，所以微软公司便逐步加大了对盗版的打击力度，也让我们看到了这样的一幕：一方面，微软公司借助美国政府频频对中国施压，要求我国政府采取一定措施；另一方面，微软公司不断发布更新程序，让那些通过盗版安装的操作系统不能正常使用，让盗版操作系统的用户心神不宁，同时还发布了 Windows 正版增值计划，让盗版用户不能享受到这种服务。

当然，网络外部性也不是坚不可摧的，特别是在时下科学技术更新速度越来越快的背景下，在手机、计算机等领域就出现了一些新产品的快速淘汰限制网络外部性好处的案例。现在给大家举一个例子。2011年8月北京小米科技有限责任公司（简称小米科技）推出了一款叫做"小米"的智能手机，在未上市之前就通过各种媒体造足了势，很多潜在的手机用户被挖掘了出来，一时间"小米：手机成为手机发烧友们热议的话题。小米科技自己推出的一款聊天工具"米聊"也在期间上市，并且在其"小米"手机上绑定了这款可以实现发送文字、发送图片、进行语音聊天等功能的即时通讯工具。这让"米聊"和"小米"手机一炮走红（尽管小米科技推出"米聊"在先）。随着"小米"手机的销售量增加，"米聊"的使用也在增加，很多不是使用"小米"手机的用户也开始使用这种新型的即时交流工具，"米聊"在智能机器中的使用得到逐渐地扩大，其网络外部性的价值也得到了快速增值。

‹‹‹ 小结

本章向你解释了有关合作与协调的博弈问题。在我们生活的社会中，到处充满着冲突，比如涉及企业竞争、行业经营、司法诉讼、制度设计等各种经济领域和社会领域的协调问题。我们之所以研究不合作博弈，目的就是把这些冲突和不合作转化为协调与合作，将"两败俱伤"转化为"合作共赢"，比如让参与者在斗鸡博弈、情侣博弈、智猪博弈等中充分沟通以实现合作共赢。基于此，就产生了一种协调博弈，这是一类存在多个能够进行帕累托排序的纳什均衡的博弈，如交通博弈、猎鹿博弈等。在这类协调博弈中，鉴于参与者对不同策略组合有相同的偏好，要解决博弈均衡选择问题，首先就需要解决各参与者对其他参与者的行为的预期问题。如果其他参与者能够正确地预期，那么在多个纳什均衡中就会集中到唯一的均衡上。协调博弈均衡的选择不仅要满足参与者预期的一致性，而且要满足参与者行动的一致性，这就需要参与者在彼此之间确立一种相互信任的机制。事实上，由于参与者对风险与收益的不同看法而使得此类博弈的处理显得特别复杂，所以协调博弈也就成为继囚徒困境博弈之后又一被广泛研究的博弈类型。当然，在我们生活中，还有一类源于网络外部性、有成千上万的人在同时进行的大规模协调博弈，它告诉我们在选择某些产品时除了要考虑产品本身的质量和功能因素以外，还得考虑该产品被接受和使用的广泛性。

<<<< 基础练习

根据以下材料，回答问题。

价格竞争作为市场上优化资源配置、实现优胜劣汰的一种手段，具有非常重要的作用。当一些运行良好的小公司与行业内的大中型公司的综合实力存在差距时，小企业的生存发展与其所选择的价格策略存在紧密的关系。在 20 世纪 70 年代末 80 年代初，可口可乐公司和百事可乐公司就几乎占领了美国的碳酸饮料市场，而一些私人标签（非品牌）软饮料虽然质量低劣，也因价格低廉仍然能够占有较低的市场份额。可口可乐公司和百事可乐公司起初容忍了这些私人标签软饮料的存在。但是，一家私人标签软饮料供应商 Scott 公司通过挑衅的定价和较高的质量逐渐占领了 1/3 的市场份额，可口可乐公司和百事可乐公司才意识到其产生的严重威胁，并及时通过降低价格才迅速夺回了美国市场软饮料的市场份额。

（1）结合案例，请运用智猪博弈理论对两个规模和实力存在较大差距的对手的价格战进行分析。

（2）在商业竞争中，如果你是弱小的一方，你会制订什么样的战略来应对？

第7章
重复博弈：声誉与长期合作决策

我们只能从将来理解现在的生活，从现在理解过去的生活，但是我们的生活必须是从过去到现在，从现在到将来。

——索伦·基尔克加德（Soren A. Kierkegaard）

在开始本章内容之前，我们先来看一个生活中的小故事，也许你会有所感触。这是朋友在喝茶聊天时说给我的一件事。有一天夜里，他正睡得香甜之际，突然被一阵急促的电话铃声惊醒了。他睡眼惺忪地抓起电话，还没等他开口问"哪位？"只听得听筒里传来一个女士怒气冲冲的声音："麻烦你管一下你们家的狗好不好，不要再让它乱叫了，吵死人了，还要人睡觉不！"还没等他说什么，电话啪一声就挂断了。我这位朋友十分生气，因为他家根本没有狗，直到天亮他再也没有睡着。第二天晚上他早早地定好闹钟就睡下了，半夜两点钟他被自己的闹铃弄醒了，然后他拿起电话按下了来电回拨键。过了老半天，才有人拿起听筒，那位女士带着睡意恼怒地质问："谁啊？"我这位朋友故作镇定地彬彬有礼地告诉她："夫人，昨天我没来得及告诉你，我们家没有养狗。"我听过之后就调侃他怎么那么坏啊。他义正词严地告诉我："这叫以其人之道还治其人之身！"这让我想起了一部电影。

2002 年，一部香港电影《无间道》在华人世界中引起了不同凡响，在第 22 届香港电影金像奖上更是获得了 16 项提名，赢得最佳电影、最佳导演、最佳男主角、最佳男配角、最佳原创电影歌曲、最佳编剧、最佳剪接 7 项大奖。这部电影中的一句台词"出来混，迟早都要还的！"

更是成为风靡华人世界的名言。"无间"这个词来源于佛经，指八大地狱之最的无间地狱。那些凡被打入无间地狱的人，要在那里经受永不间断的刑罚，永无解脱希望。这句在电影中决定了不少人物命运的台词，其实是道出了一个博弈策略：一报还一报。这个策略是那个纷繁复杂的黑道社会中人博弈的出发点和立足点，也是他们获取对自己有利结果的基点。他们无形之中都在遵循着一个原则：一旦被别人欺骗就很难宽容对方，结果使得很多本来可能继续或者恢复的合作关系遭遇到永久性断绝。

不论我那个朋友的"以其人之道还治其人之身"还是《无间道》里的"出来混，迟早都要还的"都在讲述着一个参与者不合作及其后果的情境，他们都将"一报还一报"的策略作为了自己处事的出发点，告诉了我们"只要你做一件坏事后就必受一次报复"。言外之意，如果你不做坏事，那么对方就可能不对你进行报复。在一个重复进行的博弈中，存在着短期利益和长远利益的均衡，背叛不简简单单地成为必然的最优策略，"一报还一报"则让参与者很有可能积极建立一个好声誉以换取长远利益，这就使得个体的最优选择趋近于集体的最优选择。本章就从重复的囚徒困境博弈开始，分析重复博弈及其特征，并通过一些具体的例子，告诉读者朋友们日常中关于重复博弈的决策问题。

重复的囚徒困境博弈

在第2章中，我们谈了囚徒困境博弈，你还记得主要结论是什么吗？让我们再来回顾一下，该博弈反映了基于个人理性的个体最佳选择并非集体最佳选择。对每个参与其中的局中人而言，该博弈的结果都是最佳的，但是就整体而言是一个最差的结果。我们假设有这样一个事情：甲和乙是某个服装品牌在这座城市中的代理商，由于他们两个人都不是独家代理，所以两个人要面临着在同一个市场上的竞争。如果甲和乙两个经销商合作,共同按照服装公司为他们协定的价格销售这个品牌的服装,都可以获得 4 单位的支付;如果两个人都违背协议而暗中降价,则双方都只能获得 2 单位支付;假如一方执行协定价格,而另一方违背协定价格悄悄降价销售,那么违背协定价格的经销商可以获得 5 单位的支付,而执行协定价格的经销商只能获得 1 单位的支付。该博弈如图 7-1 所示。

		乙经销商	
		执行	违背
甲经销商	执行	4 4	5 1
	违背	1 5	2 2

图7-1 有限期协定价格博弈

假如这个博弈只进行一次,那么毫无疑问,博弈的均衡就是(违背,违背),如图 7-1 所示的下划线组合,双方各自获得 2 单位的支付。这是一个典型的囚徒困境博弈:不管对手选择什么策略,假如这个博弈只玩一次,那么违背协定价格对参与者而言一定更有利可图。但是如果这个博弈重复进行 100 次或者更多次,情况将如何呢?这样的博弈就是**有限期重复的囚徒困境博弈**。

在这个博弈中,假如甲乙两个经销商都想稳定市场,避免引起恶性竞争而搞乱经营秩序,他们更倾向于合作以执行协定价格;假如双方都只顾自己的盈利,那么只能展开不良竞争,搅坏了市场运行,各自获得 1 单位的支付。试想一下,如果一开始就有一方悄悄违背协定价格,那么另一方就会紧跟着使用相同的策略,结果就是形成两败俱伤的局面,也是一个对整体而言最不利的局面。所以,两个经销商中的任何一方在开始时都宁愿先执行协定价格,希望另一方也跟着执行协定价格。如果另一方没有跟进，反而悄悄地降价销售，那么虽然违背协定的一方会在这个回合获得好处，但是这个回合结束之后，执行协定价格的一方就不会再老老实实地执行下去了，在接下来的一个回合中肯定会发起报复行动，从而在第二个回合回归到（违背，违背）这个不利的博弈均衡，而且自此以后的每个回合都是这个结果。而如果另一方的确进行了跟进，也执行协定价格，那么两个人之间的合作就达成了，便可以实现（执行，执行）这个策略组合。也就是说，如果参与者一方希望下一个回合中对方参与者能够执行协定价格，再次实现合作，那么起码他自己就必须在这个回合中执行协定价格。

假如甲乙两个经销商已经合作（执行协定价格）了 99 次，而按照预先约定的合作期限是 100 次。那么，在这第 100 次的博弈中，结果如何呢？如果这个回合是既定的，双方都知道这是最后一次合作了，那么违背协定价格一定比执行协定价格对自己更为有利。因为这个时候参与者不必再考虑下一个回合了。结果，在第 100 次博弈结束时，甲和乙经过了 99 次的合作之后，又同时选择了违背执行协定价格，形成了（违背，违背）这个囚徒困境的博弈均衡。可见，如果都明确"这是最后一次了"，那么这最后一次就会撕去双方合作的善意，让个人理性重新回到一次性博弈。

那么，如果我们往前推一下，在第 99 次博弈中双方又应该怎么做呢？理性的人会知道，自己在第 99 次博弈中如果选择违背协定价格的话，一定可以得到比较高的报酬。如果有什么理由可以让你不在第 99 次博弈中选择违背协定价格的话，那就是对方要在第 100 次博弈中继续与你合作。但是前面也说了，第 100 次的时候，双方都选择违背价格协定的策略对各自是最有利的。你可以把这个博弈的思路一直往前倒推，第 98 次、第 97 次……第 1 次，凭这个逻辑，你一定可以发现，在第 1 次博弈中，双方都要选择违背协定价格的策略。也就是说，只要是一个有限次数的这类博弈，只要能够确定博弈存在最后一次，就和一次简单的囚徒困境博弈没有差别。

问题究竟出在哪里呢？在这类有限次数的囚徒困境的重复博弈中，其实所有的症结就出在这最后一次博弈的背叛。如果甲能在最后一次背叛协定，乙就会在第 99 次博弈中背叛协定，那么甲也就应该在第 98 次中背叛协定……。即便两个人都有一种合作维护市场的意识，这个博弈可能会延续到最后，那也绝对不是谁比谁傻，而是一种外在的动力在起着作用。

前面讲了，假如这个博弈是有限的次数，那么不管如何，理性的参与者都会违背协定价格，最终还是形成一个囚徒困境博弈。那么假如这个博弈没有一个期限或者无法明确最后一次何时到来，情况又如何呢？这样的博弈就是**无限期重复的囚徒困境博弈**。

因为这个博弈没有明确的期限，双方都要继续玩下去，根据前面的分析，为了在下一次博弈中实现合作，双方在前一次博弈中就应该采取合作的态度，选择执行协定价格，这样的话，顺理成章的结果就是一方永远都会选择执行协定价格，直到有一方违背了这个协定价格。假如每个参与者都这么选择，双方就会在每一次博弈中得到合作带来的收益，这是一个很好的结果。但是需要注意的是，在无限期重复的囚徒困境中，双方为了有效地合作，会为了合作的利益将博弈一直进行下去，但是这不意味着双方参与者都一定愿意这么做，他们依然存在着违背协定价格的想法，这是天性使然，无法改变。

对这类无限期重复的囚徒困境博弈而言，背叛合作是很容易的事，遗憾的是，只要你背叛了他人，他人就会背叛你，而且永远不会再相信你。试想一下，如果背叛可以为你带来短期利益，而你只在乎这个短期收益，那么你就可以这么做。但是，如果不背叛可以为你带来长期利益，而且这个利益是非常值得期待的，那么你还会选择背叛吗？所以，如果是无限期的协定价格这类的囚徒困境博弈，其结果就会实现一个对集体有利的结果（执行，执行），如图 7-2 所示的虚线圈组合。

	乙经销商	
	执行	违背
甲经销商 执行	(4) ⋯ 4	5 ⋯ 1
违背	1 ⋯ 5	2 ⋯ 2

图7-2　无限期协定价格博弈

前面谈到了石油输出国组织（OPEC，即欧佩克）的问题。他是世界上最著名的国际市场上的价格联盟卡特尔。为了集体的利益，各个成员国都应该减产，但是他们也的确心态各异，不减产显然符合各成员国的利益。所以，总是有一些成员国不按照协议执行减产计划，因为没有遵守欧佩克所规定的产量甚至引起战争。早在 1990 年 8 月，伊拉克与科威特围绕石油问题宣告破裂[①]，其后伊拉克入侵科威特并很快占领该国全境。由于石油的限产显然不符合美国等国家的经济利益，随后就爆发了 1991 年以美国为首的多国部队攻击伊拉克的海湾战争。

前面我们还谈到欧佩克之所以比较成功，很大的原因在于它的最大成员国沙特阿拉伯"自律"较严，对于一些小的石油国家的违约行为不那么斤斤计较，显示出了自己的大度，也正因为这样，才使得欧佩克在磕磕绊绊中还算比较成功地走到了今天。我们现在再看一下这个问题，除了沙特阿拉伯的"大度"之外，还有一个关键因素就是这种合作模式是基于一种无限期重复囚徒困境博弈，没有一种明显的迹象表明这种合作会在某一个时点上结束。这就谈到了面对着这种石油生产和输出的囚徒困境时，成员国之间的合作是如何得以延续的。如果主要成员国给其他参与者树立一个合作的姿态，发出合作的信号，就可以让其他成员国知道

---

① 在1980~1988年那场长达八年的伊拉克和伊朗战争（简称两伊战争）期间，伊拉克欠下了包括科威特在内的一些阿拉伯国家的债务达300多亿美元。伊拉克希望欧佩克减少石油产量以提高石油价格，这样伊拉克便可以借机偿还这笔债务。然而科威特不顾欧佩克的协定而提高了自己的产量，造成油价下降，并希望以此来迫使伊拉克解决它们之间的边境争执。

在下一期该主要成员国会选择合作，所以其他成员国也就愿意跟进而选择合作策略。当然，作为主要成员国沙特阿拉伯的大度，对一些小成员国的暂时背叛行为能够容忍，才使得博弈可以重复进行下去。因为主要产油国的沙特阿拉伯并没有因为其他一些小成员国的一次或多次的背叛，便一直树立敌对态势或者进行报复，而是在它们主动甚至被动地意识到问题而重新回到欧佩克合作框架下的时候，能既往不咎地恢复合作。

⫶⫶⫶ 重复博弈

有了前面重复的囚徒困境博弈，我们再来看一下重复博弈的准确界定以及相关的概念和内涵。

在日常生活中，你会注意到这样一个有趣的现象：在公共汽车上，两个素不相识的陌生人可能会为了一个座位而争吵，虽然他们不知道这是"一次性博弈"，但是他们肯定知道吵过之后谁也不会再见到谁，因此谁也不肯在嘴上吃亏甚至大打出手；可是如果他们相互认识，那么就会为了谁去坐那一个座位而相互谦让，甚至直到最后两个人都站着，尽管他们也许不知道这就是"重复博弈"，但是他们肯定知道，两个人以后还会碰到一起继续交往。

所谓**重复博弈**（Repeated Game），顾名思义，就是指同样结构的博弈重复许多次，其中的每次博弈称为"阶段博弈"。重复博弈是动态博弈中的重要内容，它可以分为**有限期重复博弈和无限期重复博弈**，前者是指相同结构的博弈有限次重复进行，后者是指没有确定的结束时间的重复博弈。就像上面说的为争座位而吵架一样，当博弈只进行一次时，每个参与者都只关心眼前的短期一次性的支付；也就像上面说的为坐座位而谦让一样，如果博弈是重复多次的，参与者可能会为了今后长远利益而牺牲眼前的利益，从而选择可以达成合作的行动策略。因此，重复博弈的次数会影响到博弈均衡的结果。

在重复博弈中,每次博弈的条件、规则、信息结构和策略都是相同的,比如图 7-1 所示的协定价格博弈,支付、参与者、行动策略等都不变化。但是由于有一个长期利益的存在,因此各博弈参与者在当前阶段的博弈中必须要考虑到不能引起其他博弈参与者在后面阶段的对抗、报复或恶性竞争,也就是不能像在一次性博弈中那样毫不顾及其他博弈参与者的利益,以避免最终形成两败俱伤的局面。很多时候,参与者一方做出一种合作的姿态——或给出一种承诺,或作出一种行动——就可能使其他博弈参与者在此后阶段的博弈中采取合作的态度,从而实现共同的长期利益,这就是符合集体理性的结果。

结合前面重复期限的协定价格博弈,我们可以看到重复博弈具有以下三个基本特征:首先,重复博弈的每一个阶段之间没有"物质"上的联系,即前一个阶段博弈并不改变后一个阶段博弈的结构;其次,在重复博弈的每一个阶段,所有参与者都可以观测到该博弈过去的历史;第三,博弈参与者在各个阶段的总收益是所有阶段博弈收益的贴现值之和。

重复博弈可以是完全信息的重复博弈,也可以是不完全信息的重复博弈。2005 年诺贝尔经济学奖获得者罗伯特·奥曼(Robert J. Aumann)认为,完全信息的重复博弈与人们之间相互作用的基本形式的演化相关,其目的是为了证明在现实生活中为何会出现合作、利他主义、报复、威胁等现象。从 20 世纪 60 年代中期开始,奥曼和他的合作者们一起发展了不完全信息的重复博弈论,使博弈论研究更接近实际,其理论重点在于博弈中对信息的使用——何时应该如何去揭示信息,何时应该如何去隐藏信息,何时应该相信被揭示的信息,而何时又不应该相信?

在完全信息的重复博弈中,由于在博弈过程中参与者对其余各参与者的信息都有所了解,这就使得各参与者不能依自己的意愿任意地做出对自己最有利的决策,而必须考虑到其他参与者的决策,防止他们会根据自己做出的决策而选择对自己不利的决策,从而每个参与者做出的决策会使他们都获得相近的盈利，且社会将处于一种相对稳定的状态。虽然在这种情况下参与者都不能得到自己所能得到的最大盈利，但也不会使他们任何一个亏损，并且由此带来的社会稳定会增加所有社会成员的福利，实际上是增加了参与者的长期盈利水平。

在不完全信息的重复博弈中，策略均衡的形成其实就是一个精细的谈判过程，其参与者们逐渐达成越来越广泛的协议，增加相互的信任，同时慢慢地显露越来越多的信息。在这个过程中，没有参与者有勇气单方面改变"不同结果的可能性"。否则，他将在博弈过程中展现更多的信息给竞争者，而使得自己在竞争中处于劣势。就如在同一市场上的几个实力相当的竞争企业，虽他们之间是一种对立竞争的关系，但是在长期竞争结果下，为了不再因为他们之间的竞争而使他们蒙受损失，他们之间会达成一个共识。

尽管有关重复博弈的一些理论很复杂，但在这里还是应该让读者朋友们了解两个重要的名词。一个是**无名氏定理**，说的是只要博弈参与者具有足够的耐心，那么在满足博弈参与者个人理性约束的前提下，博弈参与者之间就总有多种可能达成合作均衡。这个定理之所以得名，是由于很早就有很多人提出重复博弈促进合作的思想，因为无法追溯到其原创者，便被以"无名氏"命名。另一个是**最大最小策略**，说的是一个博弈参与者 i 在面对着其他博弈参与者采取的策略使参与者 i 自己获得的支付尽可能低的时候，该参与者 i 使自己的支付最大化的策略。与此有关的是**最小最大策略**，说的是无论一个博弈参与者 i 如何选择，其他参与者都尽可能地使这个参与者 i 的支付最低的策略组合。

我们来解释一下重复博弈的均衡是如何实现的。首先，如果博弈中的其他参与者能把策略联合起来而孤立 i 的话，那么最大最小盈利和最小最大盈利是相等的，所以此时 i 的盈利将会最小化，低于博弈中的任何其他参与者。在这种情况下，任何一参与者 i 都不能用背叛行为来单方面获利，否则他将得不偿失。其次，每个为了合作而形成的联盟都可以通过其整体性使每一个成员的盈利水平都达到同一个均衡水平，也就是说，在这个联盟中不存在任何成员有获得更高盈利的可能。第三，如果一个参与者为了不在今后遭到背叛者的报复，而不去采取惩罚一个他本来可以惩罚的背叛者的话，那就会使得威胁性的惩罚无限减少而逐步形成均衡。其实现实中许多社会的稳定都可以追溯到这种完全均衡。

前面我们说了"一报还一报"，这听起来有些贬义，所以我们给它一个中性的比较通用的叫法，即"针锋相对策略"。说起这个策略，还有一个故事值得一提。著名政治学家罗伯特·阿克塞尔罗德（Robert Axelrod）邀请了许多学者为详细描述重复200次的囚徒困境策略编制了一个计算机程序。他使每一个程序同其他程序在一个循环赛中相竞争，而且记录了它在200次的重复中对抗所有的其他程序的总分数，每一个回合的对抗采取的策略是"针锋相对"。在不首先欺骗的意义上，"美好"的程序比那些"不美好"的程序表现得更好。尽管有机会设计出更好的策略，但是没有学者可以打败这个"针锋相对"策略。基于比赛的结果，阿克塞尔罗德提出了在重复博弈中成功的简单规则：不首先袭击；既回应好的又回应坏的；清楚地采取行动；别嫉妒。

所谓**针锋相对策略**，其实就是说，如果博弈参与者第一步采取合作，此后每一步都重复对方上一步的行动，要么是合作要么是背叛，只要是博弈没有确定的期限，由于长期利益对短期行为的制约作用，因此有一些在一次性博弈中不可行的威胁或诺言在重复博弈中会变为可信的，那么就会形成一种持续合作的态势。也就是说，奉行"以其人之道还治其人之身"的原则，就是有效地鼓励其他参与者开展长期合作。但是为了将合作进行到底，根据上述阿克塞尔罗德的比赛结果，重复博弈的所有参与者应该秉承几种利于合作的处事方式，比如善良、宽容、不妒忌。

首先，参与者应该善良。如果参与者在第一步就向其他参与者表达善意，从一开始就总是选择合作，而且坚持永远不首先背叛对方，并不是从一开始就选择背叛，那么就为未来的长期合作打下了基础。其次，参与者应该宽容。如果参与者不会因为对方的一次背叛，就长时间怀恨在心或者没完没了地报复，而是给对方机会，在对方改过自新、重新回到合作轨道时，能对他过去的背叛既往不咎以恢复合作关系。这是维护合作的一种态度。第三，参与者不应该妒忌。博弈的参与者在合作中难免看到对方的收益比自己更大，但是不应该为此就私自耍小聪明、想办法去占对方便宜，只有不在任何双边关系中争强好胜，才可能维持合作的正常开展。

⫷⫷⫷ 连锁店悖论

在第 5 章中，我们谈到了市场进入博弈，有一家生物制药企业为了阻止潜在的竞争者进入，表明自己会实施降价策略以打击进入者。我们假设，在位者企业已经在周边 20 个市场上开展了药品经销业务，每个市场的容量都假设是 100 单位收益。目前虽然还没有明显的进入者与之展开竞争，但是已经有企业想进入这个领域了。单个市场上的博弈依然如图 7-3 所示。

图7-3　市场进入博弈

假如在位者企业的竞争对手们是有备而来，他们针对这 20 个市场准备通过序贯进入的方式进入生物制药领域。更简单一点的话，就相当于，每个市场有一个潜在进入者，每个进入者序贯地决定是否进入相应的市场。那么，在位者企业想阻止竞争对手的进入应该怎么做呢？

在位者企业为了阻止竞争对手，能不能用某种程度的降价销售生物药品来当作对进入者的警告，以证明它会将这个博弈进行到底呢？如果竞争对手真的进入了某个市场，在位者企业可以就该市场制定非常低的价格，这固然会使在位者企业在这一市场产生亏损，但竞争对手会不会因此就退出其他的市场呢？假如竞争对手基于某种原因不去理会在位者企业释放的这个信息，并同时进入了两个市场，那么在位者企业当然也可以在这两个市场采取价格战的手段。这种策略可不可能至少让在位者企业的某些市场阻止竞争对手的进入呢？这样会让在位者企业的降价威胁变得更可信吗？

为了分析这个序贯博弈，我们把在位者企业经营的 20 个市场，分别标号，以 1 号市场、2 号市场、……20 号市场来命名。在位者企业通过自己的优势向准备进入的竞争对手们传达了这样的信息：当你进入某个市场后，比如 1 号市场，我就会发动价格战来降价销售药品，所以你应该相信，不管你进入哪个市场，我都会发动价格战。不管在哪个市场上，只要我把价格压得非常低，你就不可能赚钱，所以你最好离我其他的市场远一点。在位者企业的这段话听起来言之成理，而且比较有威慑力，但是它可信吗？他真的会在这些市场上大打价格战吗？我们不妨通过以下策略推理来看看这个威胁的可信度究竟是多大。

假设竞争对手已经进入了 19 个市场，正在考虑向第 20 个进军，情况看起来很糟糕，结果到底如何呢？比如，如果在位者企业没有发动价格战，而且也只有在这个条件下，进入者企业才会进入第 20 号市场。那么在位者企业会不会在第 20 号市场上发动价格战？显然不会！因为我们前面已经分析了，在位者企业发动价格战的唯一目的是要防止潜在竞争对手进入该领域的相关市场，因为如果在某个市场上发动价格战，在位者企业在这个市场上肯定会大幅度降低收益。所以在第 20 号市场上，参与者会发现他们所在的子博弈和一个一次性的进入威胁博弈是一样的，因此无论博弈的过去是怎么样的（打击或者默认），进入者企业都会选择进入，而在位者企业都会选择默认，也就是说会达成合作。从另一个角度讲，假如在位者企业所有的 20 个市场都已经有竞争对手进入，那么对在位者企业来说，试图阻止未来的进入者就变得毫无意义。因此，所有的竞争对手都知道，假如其他 19 个市场都已经被成功进入，在位者企业就绝对不会在第 20 号市场上选择使用价格战的策略。

接下来再一起来想想，在位者企业应不应该在第 19 号市场上发动价格战？再次明确一下，在位者企业如果要发动价格战，肯定是为了防止将来有潜在竞争对手进入该市场，是为了警告竞争对手不要试图进入在位者企业现有市场，如果它要是真这么做了，在位者企业就会以同样的方式在这些市场上发动价格战。但我们已经分析过了，在位者企业绝对不会在第 20 号市场发动价格战。如此一来，在第 19 号市场发动价格战便失去了警告的意义，也就不具备威胁的作用了。因为这么做并不能让竞争对手了解到，假如你所有的 20 个市场都已有进入者进入，你会怎么处理。大家都已经很清楚，不管竞争对手进入与否，你都会在第 20 号市场上默认这种市场进入行为，维持原来的价格，只是改变了自己收益结构。

既然在位者企业绝对不会在已经被瓜分了的第 19 号和第 20 号两个市场上采取价格战，那么应不应该在第 18 号市场上发动价格战呢？在位者企业如果在第 18 号市场上发动价格战，也只有一个目的，就是让竞争对手知道，假如他们再进入其他的市场，在位者企业会采取措施阻止，也就是为了威胁竞争对手，假如他们进入第 19 号或第 20 号市场，在位者企业也会在这些市场发动价格战。不过，这个威胁没有人会相信，因为在第 19 号和第 20 号市场上开展价格战对在位者企业一点好处也没有。因此，在位者企业根本不应该在第 18 号市场上不理性地采用这个降价的策略。

好了，我们不再多说了，沿着这个连锁逻辑慢慢往前推理，我们可以知道，不管是在第 17 号、第 16 号、第 15 号市场，还是更前面的市场，在位者企业都不应该发动价格战。这样可以一直推理到第 1 号市场，所以在位者企业绝对不会用大打价格战的方式来防止对手进入的。

至此，我们一起看到了分析的结果，很有意思的是，即使在位者企业经营 20 个市场，也无法通过开展价格战的方式把潜在进入者有效地阻挡在市场之外。这看起来是违反常理的，但事实就是如此，在博弈论里，我们通常把它称为**连锁店悖论**（Chain-Store Paradox）。这个连锁店悖论是由莱因哈德·泽尔腾（Reinhard Selten）[①]提出的，并利用逆推归纳法，说明了在位者的多市场掠夺威胁不可信。也就是说，连锁店悖论的结论应该是：作为竞争对手的进入者企业必然会进入在位者企业所占据的 20 个市场，最终双方共享利润。

⫸⫸⫸ 产品质量博弈

你愿意买流动摊贩们卖的东西吗？平时你买衣服是愿意在地摊上买还是更愿意到百货商厦去买？你买日用品是乐意在小商店去买还是更乐意到大型超市去买？如此等等，这些问题很多，都涉及一个问题，哪里的产品才会让你放心购买？产品的提供者或者卖主凭什么可以让你相信他？

对于大多数产品来说，消费者在购买的时候是很难一下子判断出产品的质量好坏的，甚至对有些产品根本无法通过自己来判断质量好坏。如果卖者提供的产品存在质量问题，往往要待消费者使用之后甚至要借助外在的帮助才会发现。当然，一旦消费者在使用产品后发现产品存在质量问题，往往可以找到卖者要求退换或者通过诉诸法律的方式指控他们，如果卖者预期到提供低质量产

[①]莱因哈德·泽尔腾，1930年10月10日出生于德国的不莱斯劳，他是子博弈精炼纳什均衡的创立者，其主要学术研究领域为博弈论及其应用、实验经济学等。泽尔腾教授因在"非合作博弈理论中开创性的均衡分析"方面的杰出贡献，与约翰·纳什、约翰·海萨尼一起荣获1994年的诺贝尔经济学奖。

品可能会引起麻烦或者招致起诉，他们就会注重产品的质量管理，从而尽量减少质量较低的产品的比例。但是，许多消费者即使事后发现所购买的产品存在质量问题，也不一定会起诉，因为起诉存在成本，对一些小东西，也许就会不了了之了。所以，对卖者的产品质量保证产生约束的理由之一就是潜在的被起诉可能性。但是这还不是全部，接下来我们就用重复博弈来进行解释。

假定有一个厂商是长期的固定的博弈参与者，比如一些大型商场，他不断重复性地提供产品；但消费者却是不固定的，每一阶段都有不同的消费者购买，当然也会有一部分消费者是相同的，他们在不同的阶段决定买还是不买。厂商在每个阶段提供 1 单位的产品，并决定是提供高质量的产品还是提供低质量的产品，而每一个阶段有唯一的一个消费者决定是否购买这 1 单位产品。假定消费者在购买时无法确定自己买的产品的质量，但知道在这之前的消费者所购买产品的质量。对消费者而言，如果他没有购买产品，他的支付为 0 单位；如果消费者买到高质量产品，其支付为 1 单位；如果买到的是低质量产品，他的支付就为 -1 单位。对厂商而言，如果厂商卖出的是高质量产品，其支付为 1 单位，如果卖出的是低质量产品，支付就为 2 单位。图 7-4 给出了这个博弈的阶段性博弈支付矩阵。

图7-4　产品质量博弈

如果这是一次性博弈，则也形成了一个囚徒困境的博弈，只有一个纳什均衡（不购买，低质量），消费者不会购买，厂商也卖不出去。之所以如此，是因为双方的选择在自己的立场上是最有利的。而如果是长期重复的博弈，情况就不一样了。消费者的战略是：第一阶段的消费者决定买；只要厂商不曾生产过低质量产品，随后阶段的消费者继续买；如果厂商曾经生产过低质量产品，之后的消费者就不会再买。这就是**冷酷策略**，又称为"**触发策略**"，是指参与人在开始时选择合作，在接下来的博弈中，如果对方合作则继续合作，而如果对方一旦背叛，则永远选择背叛，永不合作。

假设消费者肯定会执行这样一个冷酷策略，当厂商提供低质量产品时，获得 2 单位短期支付，但之后每阶段的支付就肯定会为 0；如果厂商总是提供高质量的产品，每阶段的支付就可以为 1，贴现后总支付为 $1/(1-\delta)$，其中 δ 为厂商的贴现因子。当 $1/(1-\delta) \geqslant 2$ 时，厂商就会总生产高质量产品。所以，如果以前从来没有提供过低质量的产品，那么厂商的最优选择就是继续提供高质量产品。假如在这以前曾经提供过低质量的产品，又知道消费者的冷酷策略，明白消费者不会再买，那就索性破罐子破摔地继续提供低质量的产品，这对他而言是最优的。这样一来，在消费者的策略是既定的情况下，如果 δ 足够大，也就是说厂商具有足够的长期利益时，厂商策略就是最优的。反过来讲，给定厂商的策略选择，如果 $1/(1-\delta) \geqslant 2$，则每个消费者只关心当期博弈阶段的支付。当厂商在本期之前从来没有提供过低质量的产品时，消费者就会预期该阶段厂商也将继续提供高质量的产品，这样的话，消费者的最优选择就是购买；当厂商在本期之前曾经提供过低质量的产品时，消费者就会预期厂商在该阶段会提供低质量的产品，这样的结果使消费者作出的最优选择是不购买。总之，假如我们给定厂商的策略，那么消费者的策略也是最优的，这就构成了一个纳什均衡。当然，值得一提的是，尽管"消费者永远不购买，厂商总提供低质量的产品"也是一个子博弈纳什均衡。但这个均衡实际上并不存在，因为这就意味着这个厂商不存在了，否则他提供的低质量产品卖给谁呢？

我们回到本节开头的那个问题。对于走街串巷的小贩们，消费者很难对他们产生信任。因为游走于街坊之间的小贩们知道即使卖低质量产品坑蒙大家，人们也不一定会在事后抓住他，因为他下一次不会再走同样的路线，这就激励小贩们兜售低质量产品。给定小贩们的这种策略，理性的消费者是不愿意购买走街串巷的小贩们提供的产品的。理性消费者更愿意到大商场或固定摊点上买东西。很显然，这是因为大商场不可能今天卖了产品就关门消失了，固定摊点一般会长期在同一个地方卖产品，那样的话，即便买回来的产品存在质量问题，明天也还可以去找他们索赔。给定这一策略，厂商如果想把生意长期做下去，就不应该也不会提供低质量的产品；而给定厂商提供高质量产品，那么消费者就会选择购买。如果卖者或者厂商关注长期利益，他们与消费者之间进行的就不是一次性博弈，而是无限次重复博弈，那样就会存在长期的合作均衡，也就是卖者或者厂商总会提供高质量产品。所以，著名博弈论专家戴维·克雷普斯（David Kreps）就认为，企业存在的原因之一正是创造了一个"长期的博弈参与者"，使消费者相信其产品质量，反过来消费者的不断购买又激励企业不断生产高质量产品。

◁◁◁ 声誉机制

戴维·克雷普斯（David Kreps）等人的思想后来被总结为 KMRW 声誉模型，也称为 KMRW 定理[①]，其主要内容或者说是一种解释是这样的：每一个博弈的参与者尽管在选择合作时可能面临着被对手出卖的风险（从而可能得到一个较低的现阶段支付），若对方是合作类型的话，如果他自己选择不合作，就暴露了自己是非合作型的，从而失去了获得长期合作收益的机会。只要博弈重复的次数足够多，未来收益的损失就超过短期被出卖的损失。因此，即使他们在本性上并不是合作型的，在博弈开始时每一个参与者都想

①KMRW声誉模型是由戴维·克雷普斯（David Kreps）、保罗·米格罗姆（Paul Milgrom）、约翰·罗伯茨（John Roberts）和罗伯特·威尔逊（Robert Wilson）建立的，对有限重复博弈中信誉效应（合作现象）作出了很好的解释。

树立一个合作形象（使对方认为自己是喜欢合作的），而只有在博弈快结束时，参与人一次性地把自己过去建立的声誉用尽，合作才会停止（因为此时的短期收益很大而未来损失很小）。该模型的出色解释力在于，大量的事实表明，对参与者外生的具有合作倾向的假定并非合理，大多数的合作发生是基于对自身利益的考虑。在一些长期交易关系中，交易各方出于未来收益的考虑，都会致力于树立形象和维护声誉，虽然这些声誉在短期来看并非是经济的，但长期的合作收入流的补偿表明这种声誉的建立是最优的选择。而且，好的声誉价值是随着它被使用的次数而增加的。可以说，克雷普斯等人的 KMRW 声誉模型对于认识企业的本质提供了强有力的分析方法和解释工具。

当然，这个声誉模型并不仅仅是针对企业组织才有价值，对其经理人员以及普通员工也是一样。比如，我们都会发现越是年轻的经理人员，他们的工作就越努力，他们积极地通过努力工作来提高自己在经理人市场上的声誉，从而增加自己未来人力资本的价值。同时，因为他们更关注自己的职业声誉的积累，出于对职业（生涯）声誉的关心，越是年轻的经理们越有过度投资的冲动，这或许可以解释企业内部投资决策相对集中化的现象。

在现实社会中，多数人之间的交往并不是一次性的，而是重复多次的，这也正是重复博弈现实意义的实质所在。重复博弈是用于理解社会长期互动行为的一种重要手段，特别是用来解释长期人类互动行为如何使得信任和承诺有可能形成的一种重要工具。显然，一个行为主体声誉的建立在长期内是与其他行为人的互动行为密不可分的。而声誉的本质在于可以使行为人获取长期的收益。当一个行为人的行为特征或行为类型不被其他行为人所知晓时，而且在他们之间存在着重复的互动行为时，这时具有信息优势的行为人就有积极性建立一个"好"的声誉，以换取长期的利益，而避免那些短期的、甚至是一次性的收益。下表 7-1 便给出了声誉起重要作用时的部分重复博弈的应用及博弈信息。

表7-1　声誉起重要作用时的部分重复博弈

博弈应用	单边 / 双边	参与者	行动策略
囚徒困境	双边	犯罪嫌疑人甲	抵赖 / 坦白
		犯罪嫌疑人乙	抵赖 / 坦白
双寡头垄断	双边	企业甲	高价格 / 低价格
		企业乙	高价格 / 低价格
员工管理	双边	雇主	发奖金 / 不发奖金
		雇员	工作 / 偷懒
产品质量	单边	消费者	购买 / 不购买
		卖者	高质量 / 低质量
进入威胁	单边	在位者企业	低价格 / 高价格
		进入者企业	进入 / 不进入
财务披露	单边	公司	如实披露 / 虚假披露
		投资者	投资 / 不投资
借贷	单边	贷款人	放贷 / 不放贷
		借款人	还债 / 赖账

　　我想，你可能注意到了，在表中有一项你可能感到困惑——单边 / 双边。现在，我们就来解释一下。

　　在某些博弈中，每个博弈者的策略组合都相同，博弈者之间的支付或收益对称，如图 7-1 的协定价格博弈或者前面讲过的囚徒困境博弈等，这种博弈被称之为**双边博弈**。另一种与双边博弈很相似，但是和囚徒困境博弈不同的是，这类博弈并不对称，如图 7-3 的产品质量博弈，这就是**单边博弈**了。在单边博弈中，企业可以给消费者提供高质量或低质量的两种产品，消费者可以选择购买或不购买该企业产品的两种行动。当消费者不购买产品时，双方收益都为0；当消费者购买产品时，企业提供高质量产品，双方收益为（1，1），企业提供低质量产品，则双方收益为（-1，2）。在该单边博弈中，纳什均衡解为消费者不购买，企业提供低质量产品，最终的收益双方均为0。

一般常见的单边博弈有市场进入博弈、产品质量博弈、借贷博弈、财务信息披露博弈。前面两个博弈在前面章节已有详细分析，下面再看一下财务信息披露博弈，如图7-5所示。

		投资者	
		投资	不投资
上市公司	如实披露	5 / 5	0 / 0
	虚假披露	-5 / 10	0 / 0

图7-5 财务信息披露博弈

一家上市公司可以选择如实披露财务数据或向投资者说谎也就是发布虚假的信息，投资者可以选择投资或不投资。在单期博弈中，其纳什均衡只有一个（虚假披露，不投资），即上市公司选择披露虚假财务信息，投资者选择不投资，双方的博弈支付均为0。如果是多期重复博弈的话，情况就不一样了。如果投资者选择合作，也就是投资的话，上市公司就可以在金融市场上进行融资，可以用来扩大再生产，提高企业竞争力；如果投资者不合作，即不进行投资的话，上市公司就无法实现外部融资，将出现投资不足的现象。试想一下，如果企业披露的信息有误，有虚假的成分，那么投资者就不会再相信这个上市公司，会在接下来的博弈中选择不投资。所以，上市公司要想和投资者达成合作，就必须向外部的投资者树立一种较强的正面的声誉，不能披露任何虚假的信息，并致力于长期维护这个声誉，从而保证合作得以持续，（如实披露，投资）这个结果才会出现。基于此，我们才能看到，随着我国证券市场的法制建设及规范程度不断完善，上市公司的信息披露也越来越严谨，目的即在于利用声誉机制将一次性或有限期重复博弈转化为无限期重复博弈。

鹰鸽博弈

在第 6 章中，我们分析了斗鸡博弈，这是一个博弈参与双方具有相同或者相似特性的博弈，比如两只羊都具有一定的攻击性，一旦遭遇到一起会真的干起来而可能两败俱伤。假如我们将其中一只羊换成一只狼，情况会如何呢？这时，博弈的参与者就是两个完全不同特性的个体了，因为狼会吃羊的。

在这里，我们假设一个大笼子里有一群鸟（假设它们在里面不进行斗争），我们从中随机地放出两只来进行对峙，放出来的有可能是鸽子和老鹰，也可能是鸽子和鸽子，或者可能是老鹰和老鹰。大家知道，两只老鹰如果搏斗起来总是很凶悍霸道的，它会全力以赴、孤注一掷地干下去，除非身负重伤，否则决不退却，而鸽子则是一种风度高雅的动物，它惯常的方式是进行威胁恫吓，却从不伤害对手，往往委曲求全。所以如果放出来的是两只鸽子，那就谁也不会受伤。如果不幸的是放出来一只老鹰和一只鸽子，那么鸽子就会立即飞走，因此鸽子可不愿意受到老鹰的伤害，这是天性使然嘛。我们称这个博弈为鹰鸽博弈，其间进行对抗的两方，会形成攻击型与和平型两种策略。我们将这个博弈表述为如矩阵图 7-6 所示。

鸟1		鸟2	
		鹰	鸽
	鹰	-1 ‾ / -1	‾0 / 2‾
	鸽	2‾ / ‾0	1 / 1

图7-6 鹰鸽博弈

　　通过对这个鹰鸽博弈的支付矩阵进行简单的分析，我们便可以知道，这是一个完全信息静态博弈，它有两个纯策略纳什均衡：(鹰，鸽) 和 (鸽，鹰)。据此均衡来看，对博弈的参与者双方来说，最好的结果是放出来的都是鸽子，你可以理解为参与者都像鸽子一样，大家采取和平的行动，得到帕累托最优解；最坏的结果是放出来的都是老鹰，你可以理解为参与者都像老鹰一样，采取进攻性行动，结果两败俱伤。

　　根据奇数定理，还可以轻松地找到一个混合策略纳什均衡（50%，50%）。这个混合策略你理解成"有 50% 的概率放出来的是老鹰，有 50% 的概率放出来的是鸽子"；也可以理解成"以 50% 的概率像老鹰一样行动，以 50% 的概率像鸽子一样行动"。在这个混合策略下，参与者对每一个纯策略都是无差异的。像老鹰一样行动的预期收入是遇到另一只老鹰时的支付（−1）×50% 加上遇上鸽子时的支付 2×50%，结果是 0.5。像鸽子一样行动的预期收入是遇上老鹰时的支付 0×50% 加上遇到另一只鸽子时的支付 1×50%，结果还是 0.5。很显然，如果偏离了这个混合策略纳什均衡，比如有 60% 的鸟是老鹰，那么一只鸟像鸽子一样行动（扮作鸽子）将会有更高的生存能力，意味着它可以更快地繁殖，鸽子的种群数量将会增加，以至达到 50%，再次实现均衡。

　　我们可以想象这样一幕：有一块天然的玉米地，这里原本只有一群鸽子存在，突然有一天来了一只老鹰，这只老鹰肯定会获利匪浅，当然也会吸引它的同伴不断入侵这块玉米地。但是这场战争的结果并不是老鹰们将鸽子们全部逐出玉米地，而是两个种群按照一定比例共生共存。在老鹰种群增加一只老鹰的边际收益趋零时，博弈的均衡就到来了。怎么理解呢？老鹰的数量增加到一定时，鹰群内部就会发生内讧或者内斗。这样一来，便由此产生了**演化稳定策略**（Evolutionarily Stable Strategy）。意思就是说，如果均衡一旦得以形成，此后偏离均衡的运动就会受到自然选择的打击。比如当鹰群达到饱满状态之后，其他的老鹰再试图加入进来的话，就会被整个鹰群排挤。这个鹰鸽博弈的演化稳定策略应该有三种：一种是形成鸽子的天堂；一种是形成老鹰的世界；还有一种就是老鹰和鸽子共生演化的策略。最初，这块玉米地里的鸽子群，就是一个自由的天堂，一个乌邦托似的国度；随后，老鹰入侵了，渐渐地形成了一个共生的状态，一个食物链形成了；最后，老鹰逐渐多了，种群内部有争斗出现了，一种无政府的状态开始显现，最后可能形成"霍布斯丛林"①。

这个博弈往往很容易被人误认为等同于斗鸡博弈。其实，这只是斗鸡博弈的一个变种。因为我们谈到的斗鸡博弈讲述的是两个相同种群的个体（羊和羊、鸡和鸡等同种动物）之间的对抗，鹰鸽博弈却是两个不同群体———一个崇尚和平而另一个倾向侵略———之间展开的对抗。当然，鹰鸽博弈研究的实际上并不仅仅是鹰和鸽两种动物之间的博弈，也可以一般化为同一物种、种群内部竞争和冲突中的策略和均衡问题，其中"鹰"和"鸽"分别指"攻击型"和"和平型"两种策略类型，在上述经典的鹰鸽博弈中，其纯策略纳什均衡为（鹰，鸽）和（鸽，鹰），从收益最大化的角度看，只能有一方达到最优，而不是"双赢"的结果。在现实生活中许多现象都与此类似，如企业竞争时的市场进入、西方资本主义大国在世界各地争抢地盘和争市场等。

但是大家要注意，演化意义上的均衡最大好处就是保持稳定，也就是说胜出的

① "霍布斯丛林"是社会学中一个可怕的名词，是社会学家托马斯·霍布斯设想的"原始状态"，在这种想象的状态下，每个人的生活都是"贫穷、孤独、肮脏、残忍和短命的"，由此生出了弱肉强食的丛林法则。在"霍布斯丛林"中没有道德，没有怜悯，没有互助，有的只是冷冰冰的食物链，所有人都不关心别人，所有人都不惜牺牲别人以让自己生存。

不一定是好的，因为最好的往往会被当作出头鸟干掉。换句话说，对于个体而言，最好的策略取决于集体中大多数成员都在干什么。这就存在一种类似于惯性的共同知识：因为大家都这样做，我也应该这么做，甚至有时候不得不这么做。在大家都这么做的前提下，我也这么做是最省事最简单而且也是风险最小的做法。对社会而言，这种演化稳定策略就构成了一种社会运行的纽带、一种社会稳定的机制，也就构成了社会正常运转及社会和谐的基础。

❮❮❮ 小结

　　本章讲述了有关重复博弈及其相关的决策问题。所谓重复博弈，就是指同样结构的博弈重复许多次，其中的每次博弈称为"阶段博弈"。在重复博弈中，每个参与者可以使自己在每个阶段选择的策略依赖于其他参与者过去的行为，也就是采取"针锋相对"或者"以其人之道还治其人之身"的策略。当博弈只进行一次时，或者进行多次但有明确的结束时间时，就会使得每个参与者都只关心眼前的短期一次性的支付；而如果博弈是重复多次且没有明确的结束时间，那么参与者就会为了今后长远利益而牺牲眼前的利益，让那些在一次性博弈中不可行的威胁或诺言在重复博弈中变成可信的，从而选择可以达成持续合作的行动策略。也正因为这样，在一些长期的博弈关系中，博弈的各方都会致力于建立自己的良好形象并维护自己的外部声誉，虽然这些声誉在短期内看起来并非是经济的，但通过长期合作带来的收入流所形成的补偿表明致力于建立这种外部声誉是博弈参与者的最优选择。关于重复博弈的研究有助于我们理解那些确保长期合作的社会规范或者社会制度，比如鹰鸽博弈就反映了不同种群或者同一种群内部竞争和冲突中的策略和均衡问题，其演化稳定策略就构成了一种社会运行的纽带、一种社会稳定的机制，也就构成了社会正常运转及社会和谐的基础。

⋖⋖⋖ 基础练习

一、根据以下材料，用"一报还一报"的策略分析下面的博弈矩阵。

雨果在世界名著《悲惨世界》中讲述了这样一个故事：主人公冉阿让由于忍不住饥饿偷了一块面包被判 5 年苦役，在服刑期间，他四次企图逃狱但未成功，结果被加重惩罚服了 19 年重刑。当他好不容易出狱，却因通行证被盖上了"服过苦役""请警惕"的字样，而没有人愿意为他提供工作和住宿。一位好心的神父接待了他，并给他提供了一张温暖舒适的床，但冉阿让回想自己的经历后认为世上没有人会真心信任他，因而一不做二不休，在夜里企图偷窃神父的东西，还打晕了发现他偷窃的神父后带着银餐具逃跑了。结果，冉阿让被警察拦住盘问银餐具的来源并被押回与神父对质。神父却说银餐具并非冉阿让所偷而是自己送给他的，这句话让冉阿让免受再次入狱之苦。然而现实生活中，有多少人会像神父一样宽恕一个偷窃自己东西的人呢？这样的宽恕是否真能帮助偷窃的人改邪归正呢？假设我们把这个故事看作是冉阿让和神父的博弈，请按要求分析。

		冉阿让	
		不偷窃	偷窃
神父	不惩罚	0 / 0	10 / −10
	惩罚	−20 / 0	−20 / −20

图7-7 《悲惨世界》中的博弈

二、下面两个囚徒困境博弈会一直重复下去，而且没有确切的截止日期。那么，哪个博弈的参与者更可能出卖对方呢？

甲 \ 乙		好心	坏心
甲	好心	20 / 20	22 / 0
	坏心	0 / 22	5 / 5

图7-8　囚徒困境博弈一

甲 \ 乙		好心	坏心
甲	好心	20 / 20	35 / 0
	坏心	0 / 35	5 / 5

图7-9　囚徒困境博弈二

第8章
议价博弈：洞悉谈判的决策

　　一旦一名策略谈判者发现，外部机会越好，他能从讨价还价当中得到的份额也越大，他就会寻找策略做法，希望改善他的外部机会。

　　——阿维纳什·迪克西特（Avinash K. Dixit）

萧伯纳说过，经济学是一门最大限度创造生活的艺术。而在大多数情况下，这种创造的基础是基于讨价还价，或者说讨价还价是创造生活艺术的一种具体方法。在现实生活中，我们经常会遇到许多讨价还价的现象，例如，我们在逛街时看中了一件东西，这时候卖家也会看出了我们有购买兴趣，于是讨价还价就开始了：卖家会告诉我们一个价格，但我们会给卖家一个更低的价格问他卖不卖，卖家通常会认为我们给出的价格太低，经过几轮的讨价还价之后，最后一般会以一个固定的价格达成交易。实际上，这个固定的成交价格就是我们和卖家双方博弈的结果。当然，讨价还价不仅仅限于商品买卖，恋爱婚姻、子女教育、政治交往等也毫不例外。例如，我们拿恋爱婚姻来做分析，恋爱是一个具有典型讨价还价机制的事并可以形成连续的博弈。在恋爱关系中，如果双方对很多事情都能达成一致意见，相处一段时间后就可以结婚了；反之，如果经常为一些小事产生冲突矛盾，双方就很有可能分手。而婚姻因为形成了相对稳固的契约，所以讨价还价的机制就不那么强。

1960 年，托马斯·谢林（Thomas C. Schelling）在其经典著作《冲突的战略》中对讨价还价做了非常细致的分析。通过对讨价还价现象的分析，谢林得出一个重要的结论："在讨价还价的过程中，限制自己的选择往往引致对手让步。"我们可以这样理解，对方认为自己不可能做出进一步的让步时，协议就达成了。让步是谈判达成并实现共赢必不可少的隐私，任何一方过于强势都可能导致谈判失败。

生活原本精彩，冲突层出不穷，谈判无处不在，博弈无所不用。谈判就是讨价还价，就是行为主体之间的博弈问题，也就是一个双方的策略选择过程。本章就围绕议价博弈，也就讨价还价博弈，对我们面对的一些境况下的决策作出分析，希望在处理各种相关决策问题时可以更加游刃有余。

∷∷∷ 冲突与谈判

我们前面就说了，冲突是我们在这个世界面对最多的问题，不管是在个人日常生活中，还是在商业运营中，抑或是在国家政治交往中。在某个群体内或者某些群体之间，当某人追求的目标或利益与其他人不同时，就会或直接或隐含地产生分歧和矛盾，这可能是心理体验的冲突、人际交往的冲突或者是各种利益的冲突。说到什么是冲突，概念各不相同，管理心理学认为，冲突是人们对重要问题意见不一致而在各方之间形成摩擦的过程，即由于目标和价值理念的不同而产生对立或争议的过程。解析一下这个概念，我们会发现其中包含了三种主要类型的冲突：利益冲突（如工资晋升和奖金分配时的矛盾）即由利益矛盾引起的对抗性行为；认知冲突（如价值理念和处事观点的分歧）即属于较为内在的理念反应；规范冲突（如违反惯例和触犯制度的冲突）即围绕社会准则的对抗性行为。表 8-1 就举例说明了冲突存在的广泛性。

表8-1　各类冲突水平及举例

冲突水平	举例
国家或民族冲突	国际贸易争端
	国家主权领土之争
组织间冲突	两个企业对市场的争夺
	企业贷款合同违约
组织内冲突	企业联盟成员的背叛
	经理人员与董事会的目标背离
群体间冲突	企业销售产品给消费者
	城管人员与摊贩的对峙
群体内冲突	部门内奖金分配的矛盾
	单位内各部门的利益冲突
个人间冲突	夫妻间的家庭纠纷
	职场岗位的竞争

　　正因为冲突存在的广泛性，博弈论才大有用武之地。因为博弈论就是要致力于冲突和非合作博弈的研究，将冲突化解，将非合作转化为合作共赢，这也是我们学习和研究博弈论的目的之一。英国著名的政治家本杰明·迪斯雷利（Benjamin Disraeli）就曾说过"没有永恒的敌人，也没有永恒的朋友，只有永恒的利益。"这便是站在理性经济人角度对冲突的一种阐述，（如果有人认为"君子之交淡如水"这样的话是值得提倡的，我在此不会反驳，因为这超出了我们的假定范畴）而能在其间担负起重要桥梁作用的就是谈判或者交涉。所谓谈判，简单地讲，就是以满足某种利益为目标，是建立在行为人需要的基础上的一切协商、交涉、商量、磋商等活动。

但是我们需要注意的是，在什么情况下，谈判才有作用呢？我们说各利益主体之间既可能有冲突也可能有合作，既会有绝对的合作，也可能有完全冲突，尽管这种情况非常罕见。如果是绝对的合作或者是完全的冲突，还需要谈判吗？谈了能起作用吗？显然不能，而且也不必要。下面我们举个例子来加深直观的认识。假如甲和乙两个公司都面临着同一个目标市场，两个企业可以选择独立开发市场，也可以选择共同开发市场，在这里，独立开发市场就代表着是"冲突"，共同开发市场就代表着"合作"。

在第一种情况下，双方的博弈决策树如图 8-1 所示，其中括号内的支付代表（甲公司，乙公司）。对于乙公司而言，无论甲公司是独立开发市场还是选择共同开发市场，乙公司选择独立开发市场就是最优的策略选择，可以获得 2 单位支付。当乙公司选择独立开发市场（冲突）时，甲公司的最优反应策略就是独立开发市场，可以获得 2 单位支付。在这个博弈中，甲乙两家公司如果一个选择独立开发市场，一个选择共同开发市场，结果都是不利于合作一方也就是选择共同开发市场的一方的（获得 −10 单位支付）；如果都选择合作，希望共同开发市场，结果对双方都糟，各自获得 −1 单位支付。

图8-1 完全冲突博弈

基于此，这个博弈的均衡结果是甲和乙两家公司都会理性地选择独立开发市场，各获得 2 单位支付。所以这个博弈就是**完全冲突博弈**，没人愿意合作，那么谈判就不会起作用，也就没有谈的必要。在这里，我要说明一下，这里的"完全冲突博弈"以及下面的"合作冲突博弈"是我自己创造出来的，是为了分析方便。相信你可以理解它们的意思，如果你在其他资料上找不到这样的词汇，请不要惊诧。

在第二种情况下，双方的博弈决策树如图8-2所示。对于乙公司而言，无论甲公司是选择独立开发市场（冲突）还是选择共同开发市场（合作），乙公司选择共同开发市场都是最优的策略选择，可以获得 5 单位支付。当乙公司选择共同开发市场（合作）时，甲公司的最优反应策略就是共同开发市场，可以获得 5 单位支付。在这个博弈中，甲乙两个公司如果一个选择独立开发市场，一个选择共同开发市场，结果都是不利于冲突一方也就是选择独立开发市场的一方的（获得 −20 单位支付）；如果都选择冲突，希望各自独立开发市场，结果更糟，各自获得 −10 单位支付。

图8-2　完全合作博弈

基于此，这个博弈的均衡结果是甲和乙两家公司都会理性地选择合作开发市场，各获得 5 单位支付。所以这个博弈就是**完全合作博弈**，没人愿意冲突，那么也就没有必要为了希望得到合作的结果而谈判了，因为你不谈也会自动出现所要的结果（合作，合作）。

　　假如还有一种情况，双方的博弈决策树如图 8-3 所示。对于乙公司而言，在甲公司能够合作共同开发市场的前提下，乙公司选择合作的话，就可以获得 2 单位支付，而乙公司如选择独立开发市场的话，则可以获得 3 单位支付。在甲公司选择冲突即独立开发市场的前提下，乙公司如选择合作的话，就只能获得 −5 单位支付，而乙公司如选择独立开发市场的话，则可以获得 1 单位支付。对于甲公司而言，情况类似。总之，如果甲采取冲突策略，乙最好也选择冲突策略；如果甲采取合作策略，乙最好也选择冲突策略；如果乙采取冲突策略，甲最好也选择冲突策略；如果乙采取合作策略，甲最好也选择冲突策略。

图8-3　合作突破博弈

　　由此可见，这个博弈中，既存在合作的可能，也存在冲突的可能，所以这个博弈就是合作冲突博弈，如果不谈判，根据理性人的行为准则，他们会自动背离集体理性，从而形成囚徒困境，都会选择冲突策略，即（冲突，冲突），那么就不会自动出现双方想要的结果（合作，合作）。所以，这类既有冲突又有合作的博弈就需要参与者通过谈判实现最佳的策略组合。因为在谈判中，劣势与优势可以相互转化。当然，谈判需要做出的承诺或者发出的威胁，是必须要可信的，第 5 章已经分析过这个问题了。

⫶⫶⫶ 讨价还价

讨价还价博弈（Bargaining Game）是博弈论研究的重要分支，是研究诸多领域中利益分配问题的有力工具，很多现实的交易和协调问题都可以通过讨价还价博弈来解释。实际上，只要有冲突就有讨价还价。所以，现实中总是充满了"讨价还价"的情形，如表 8-1 所示，大到国家之间的贸易协定或最惠国条款，小到消费者与零售商的价格达成、部门职工的奖金分配，再到厂商与工会之间的工资协议、房地产开发商与购房者之间关于房价的确定，以及各种类型的谈判交涉等等。

下面我们先来看一个有意思的分油饼问题。有两个小孩子——小甲和小乙——吵着要吃油饼，妈妈闲着没其他事就亲自下厨去摊，做好之后将这张油饼给了孩子们，但是没有说每个孩子分多大一块。现在这俩兄弟商量了一下，为了尽快分享这张油饼，他们提出了这样一种同时报价的分配规则（为了分析方便，我们不妨称其为分配方案1）：两个人同时并且独立地提出所需要的分量，当两人所需要的分量之和超出或小于油饼大小时，双方都不能分配这张油饼。在这种分法中，假设小甲要求得到 x 大小的油饼，小乙同时要求得到 y 大小的油饼，只要 $x+y=1$，这个分配方法都是均衡的。也就是说，兄弟俩博弈的纳什均衡会有无数个，只要两人所报出份额相加之和为 1 的组合都是均衡结果，比如小甲要 3/4，小乙要 1/4；小甲要 2/3，小甲要 1/3，……依此类推，这就会形成无穷多个均衡点。但是在这些纳什均衡中，总有一些看起来或多或少可能性更大一些，这些特定的策略组合就称为聚点（Focal Points），也就可以理解成处于心理上的因素尤其引人注目的那些纳什均衡。一般而言，这类分配问题的博弈所得的无穷多个结果中会存在一个聚点，那就是每个人都分得油饼的 1/2，因为人们在实际生活中总有一种追求公平感的心理。但是，如果小甲和小乙提出来的份额之和不等于 1，比如一个提出来 3/5，一个提出来 1/2，那么这张油饼就无法分配下去，一次性达成均衡还是很难的，所以他们必然要求重新报价。在这样的不断重复下，他们之间可能就会达成一种共识——按照最公平的方式即"五五开"来分享这张油饼。当然这也可能依赖于过去的历史，比如哥哥以前每次都吃得多点儿，不论是苹果还是其他食物，大致为 3/5，那么为了尽快分享这张油饼，两兄弟可能会达成 3/5 和 2/5 的分配方案。我们说到这里，也就是说，聚点结果可能会带来"僵局"，如果谁也不让谁，那就会骑虎难下了。

他们又提出了另外一种**顺序报价**的分配规则（我们不妨称其为分配方案 2）：其中一人首先提出所需要的分量，另一个人同意或拒绝，同意的话，自己则获得剩下的油饼，若拒绝的话，双方均不能吃。这就是**一种最后通牒博弈**（Ultimatum Game），这被当成是谈判破裂前的"最后的话"。很显然这里呈现出一种先动的优势，如果小甲先提出报价，那么小乙要么被动地接受，要么就拒绝接受。假设小甲要求分 9/10，这个时候小乙也只有接受剩下的 1/10 这个条件，因为这是一次性博弈，如果小乙不接受，那么双方连一丁点的油饼都分不到，从理性人的角度来看这种情况显然不会出现。理论上讲，按照理性人假设，在此类最后通牒博弈式的资源分配的博弈中，只要先报价者将少量资源分配给响应者，响应者就应该同意，因为这要比什么都得不到好。但是实际进行的实验也充分表明，只有当先行动者留给响应者的资源份额足够时，这样的分配方案才能通过。

如果我们可以让这个博弈重复进行，也就是双方可以多期讨价还价的话，那么这个博弈可以描述为图 8-4 所示的博弈决策树。这里我们给出的是一个三阶段的重复博弈，第三阶段是最后通牒，同意则执行，不同意则双方都一无所获，括号内的支付为（小甲，小乙）。

图8-4　三阶段最后通牒式分油饼博弈

首先，小甲提出自己的分配方案，要求分得 x，如果小乙同意，则博弈达成，博弈的结果为 $(x, 1-x)$。如果小乙不同意，则回应提出要求分享 y，博弈进入第二阶段，此时如果小甲同意小乙的方案，那么两个人的支付为 $(1-y, y)$。如果小甲不同意小乙的方案，那么小甲在此提出自己的要求，希望分配 z，博弈进入第三阶段。此时，如果小乙同意，那么两个人的博弈支付结果为 $(z, 1-z)$；如果小乙不同意，那么方案在最后一轮博弈中遭到参与者的拒绝，分配计划破产，双方的支付为 $(0, 0)$。

从以上这个三阶段最后通牒式分油饼博弈中，我们可以发现分油饼的多阶段博弈关键在于最后一轮的出价者，谁是最后一轮的出价者谁就能获得更多的收益。当谈判的多阶段博弈是单数阶段时，先报价者就具有"**先动优势**"；当博弈是双数阶段时，后报价者具有"**后动优势**"。因为在这类博弈的最后一个阶段中，只要报价者出的价格不是很过分，响应者都会尽可能接受，否则就什么也得不到。我想，你会在生活中遇到很多这样的现象。

前面说的油饼，不管怎么分，不会因讨价还价而变少，但是如果油饼换成了冰激凌，情况就不一样了。因为随着谈判的进行，冰激凌在不断融化，争吵的过程就是冰激凌变成奶油的过程。如果分配冰激凌的规则还是以上分油饼的这个规则。那么双方就必须尽快达成一致的意见，否则谁都吃不到。为了简化问题，我们假设只有两次讨价还价的机会，一轮过后冰激凌化掉一半，两轮过后如果还不能决定的话，冰激凌就全部化掉了。在第一轮，第一个孩子（小甲）显然有先动优势，他甚至可以提出来 100% 的占有这个冰激凌，连小乙舔一口的机会都不给他，但是小乙肯定会觉得这不公平，并为此感到气愤，肯定会断然拒绝这个提议，这样一来，博弈就进行到第二轮。这一轮的博弈显然对小乙有优势，他占据了后动优势，他可以提出一个新的建议，当然冰激凌已经融化了一半了，小乙也会提出来占有剩下的一半的冰激凌。假如两个人至此还不能达成一致意见的话，小甲和小乙只能望着冰激凌化成的奶油而兴叹了。

所以，在第一轮博弈中，小甲就必须向前展望他提出的方案会有什么后果。他也知道，如果他的方案遭到小乙的拒绝，小乙就有了后动优势，反过来只能就剩下的一半冰激凌提出新的分配方案了。这就意味着，小乙实际上把剩下的一半冰激凌掌握在了手里，所以他不会接受任何低于小甲第一轮条件的反建议。一旦看清了这一点，小甲就会在一开始就提出与小乙平分这个冰激凌的建议，这刚好满足了既能被对方接受而又为自己保有一半冰激凌的条件。于是他们就会立刻达成协议：平分这个冰激凌。其实在现实中，随着讨价还价步骤的增加，博弈双方也会越来越接近一半一半的分配方案，这是一个简单的规律。

在以上这类资源分配的博弈中，在一名报价者提出方案后有多名响应者参与的博弈时，这一博弈就成为**海盗博弈**，内容是这样的：有五个非常聪明理性的海盗，分别编号为 P_1、P_2、P_3、P_4、P_5。他们一同抢夺了 100 个金币，现在需要想办法分配这些金币。海盗们有严格的等级制度：$P_1 < P_2 < P_3 < P_4 < P_5$。海盗们分配原则是：等级最高的海盗提出一种分配方案，然后所有的海盗投票决定是否接受分配，包括提议人。并且在票数相同的情况下，提议人有决定权。如果提议通过，那么海盗们则按照该提议分配金币。如果没有通过，那么提议人将被扔到海里，然后由下一个最高等级的海盗提出新的分配方案。假如你是等级最高的海盗头目 P_5，你会如何分配决策？

要解决这个问题需要明确三点准则：首先，参与者要能活下来，不能被别人扔下海。其次，参与者要最大化自己的利益，就是获得金币尽可能多一些。最后，优先选择利用规则把其他海盗扔下海。看起来问题有些棘手，那不如我自己提议给自己留下很少的金币，其他给另外几个人分了吧，如何呢？

读者朋友们，先别伤脑筋了，不放我们来换个思路，采用倒推的方式来考虑这个问题。假设现在只剩下 P_1 和 P_2 两个海盗了，作为此时的海盗头目 P_2 他肯定会提议把 100 个金币留给自己，然后利用"票数相同的情况下提议人有决定权"的规则投自己一票，也不管 P_1 是否同意。

假如现在还有一个 P_3，那么 P_1 就知道，只要 P_3 被扔下海，则游戏就会出现上述的情况，自己就将一无所获。而 P_3 同样能够认识到这一点，所以 P_3 知道，只要给 P_1 一点点利益诱惑或者是许诺，P_1 就会投票支持 P_3 的决策。所以 P_3 最终的决策应该是（99，0，1），即 P_3 分 99 个金币，P_2 分 0 个金币，P_1 分 1 个金币。如果还有 P_4 存在，那么 P_4 就需要一半以上的支持才能使他自己提出的方案获得通过，所以 P_4 需要给 P_2 一点利益诱惑即可，就可以保证 P_2 支持他。所以，P_4 最终的决策应该是（99，0，1，0），即 P_4 分 99 个金币，P_3 分 0 个金币，P_2 分 1 个金币，P_1 分 0 个金币。现在倒推到 P_5 存在的情况，P_5 知道他自己要收买两个海盗才能保证获得一半以上的支持率，所以他的策略就应该是（98，0，1，0，1），即 P_5 分 98 个金币，P_4 分 0 个金币，P_3 分 1 个金币，P_2 分 0 个金币，P_1 分 1 个金币。这个海盗博弈之中蕴含着递归的思想，而这个思想可以解决许多现实中棘手的问题。

但是你还是不应该羡慕海盗头目是多么的幸运，因为问题还没有结束。这里是 5 个海盗，而有 100 个金币。如果金币还是 100 个，但是海盗人数增加到了 50 个、100 个、200 个或者更多呢？如果海盗人数众多，头目就实在没有足够的钱去贿赂其他海盗以获得足够的支持，在每两个能够做出决策保住自己性命的海盗之间，就会存在着一些无论如何决策都会被扔下海的海盗。所以，你可以看到，在一个单位里，当管理的下属人数多起来时，管理者不但可能得不到什么好处，甚至连位置都可能保不住哦。所以说，人口少的国家，更容易出现独裁统治，而当人口增多资源紧缺时，领导者就很难满足大多数人的利益诉求，其统治地位也就可能不稳了。

⫶⫶⫶ 拍卖

我们为什么要研究拍卖？这个问题很复杂。我说这么一件事，你或许就明白了。假如一座城市的市长决定修建新的市政大厅，要是他能够不受约束地选择建造该市政大厅的建筑商和材料提供商，并能够随意开价的话，那么得到这个建筑资格的商人可能就是市长的亲戚朋友或者给他提供更多政治上支持、物质上满足的商人。但是如果这个市政厅工程必须通过招投标竞争才能确定承建单位的话，要是想欺骗公众以企图瞒天过海就变得很困难了，那么市长在投标中违规作弊所遇到的困难或者潜在的惩罚就会超过他可能获取的政治和物质上的收益。从这个意义上讲，拍卖可以解决一些可能存在的不良的委托—代理问题（我们在第 10 章中再谈这个问题），可以减少或阻止不诚实交易。

随着理论研究和实践的深入，投标的方式方法或者是种类越来越多，有英式拍卖、荷兰式拍卖、第一价格密封拍卖、第二价格密封拍卖、美式拍卖、双方叫价拍卖等。这里我们主要介绍前面几种。

英式拍卖（English Auction）。英式拍卖也称为公开拍卖或者增价拍卖，买者自由地相继出价，且出价是逐步提高的，直到没有人愿意支付更高的价格为止。这种拍卖方式是目前流行的方式，它使投标者的参与变得相对容易。比如，你在拍卖现场看中了一款古董青花瓷，有很多投标者参与拍卖，拍卖起拍价为 5 万元，每次出价涨幅为 1 万元，价格经历了 6 万元、7 万元、8 万元、9 万元……不同的竞拍者给予不等的升价。在这个过程中，不断有竞拍者退出竞拍，因为此时的价格已经高于他心中的预期价格。但是剩下来的每一个竞拍者都不清楚其他竞拍者的心理估价到底是多少，但参与者都知道该竞拍者上一轮的出价是多少。你可以据此估计竞拍者的心理价位，并在最后的时刻，你给出超过他心理价位的拍卖价格，比如 19 万元，但是该价格又要低于你的心理价位，这样你才能成为最后的获胜者，得到这款古董青花瓷。在英式拍卖中，竞拍者的优势策略是：自己的出价总是比先前的最高出价高一个很小的数值，直到出价高达他自己对物品的心理最高价为止。

荷兰式拍卖（Dutch Auction）。这是一种与英式拍卖相反过程的公开减价拍卖。开始时拍卖者给出一个相对高水平的价格，之后他不停地降低这个价格，直到有人叫停，叫停的竞拍者就可以当前叫停价买下该物品。比如还是古董青花瓷，最初的起拍价为 30 万元，拍卖者逐步降低所开出的价格，在经历了 29 万元、28 万元、27 万元……直到降到了 19 万元，你举牌叫停，作为第一个出价者，你便因此能够以 19 万元的价格买下这款古董青花瓷。

第一价格密封拍卖（The First-price Sealed Auction）。在这种拍卖模式下，投标者利用秘密方式（比如将报价写好装入一个信封）同时投标，所有的投标人都不知道其他投标人的出价，且一旦呈交了投标就没有机会更新。拍卖人当众打开这些信封，出价最高者就是赢者，可以以其所报出的最高价格购买被拍卖物品。

我们要明确一下，每一个投标人都是根据自己对该拍卖品的评价以及他人的评价来判断拍卖品的价值，并选择自己的报价，一般报价低于你对该拍品的心理估价。最终赢得拍卖品的投标人所获得的支付就是他对该物品的评价（也就是心理价值）减去他所报出的价格。如表 8-2 中，丁出价最高，以 19 万元获得该拍卖品，他对该拍品的心理估价为 19.5 万，所以成交后的支付为 0.5 万元。当然，其他投标人的支付就是 0，因为出价低于丁的报价而没有获得该拍卖品。在这里，假如你是以你对该拍卖品的心理估价为投标价格并成功中标，那么你其实是毫无所获的，因为你的付出和你的所得完全相等。你根本也不可能以高于你对该物品的心理估价的报价去投标这个拍品，这无异于你自掘坟墓，因为你购买该拍品的成本大于了你的收益。基于此，你所报出的价格越低，你中标的好处就会越大，但是你所冒的风险也就越高，因为实际中标的机会会更少。所以，你应该在投标之前估计一下别的参与者可能会出什么价格。

表8-2　第一价格密封拍卖举例

竞标者	出价	是否中标	心理估价	支付
甲	18.5万	否	19万	0万
乙	16.5万	否	17万	0万
丙	17万	否	17.5万	0万
丁	19万	是	19.5万	0.5万

第二价格密封拍卖（The Second-price Sealed Auction）。这是由1996年诺贝尔经济学奖获得者威廉·维克瑞（William Vickrey）设计的，因而又被称为"维克瑞拍卖"，具体规则是这样的：每个竞标者分别向拍卖方提交自己的报价，而且他们不知道别人的出价，出价最高的竞标者将获得物品，并按所有的出价中仅次于最高出价的第二高价格支付给卖家。

从表8-3中可以看出，丁的出价19.5万元最高，从而成功拍得该物品，但是他只需要支出甲所报的价格19万元，这样一来，竞拍者丁成功竞拍该物品的支付为0.5万元。这个第二价格密封拍卖和第一价格密封拍卖相比，成功竞拍者都是丁，但是丁在两次拍卖中的报价不同，而且有一点值得令人惊奇的是：竞拍者对拍品的心理估价是多少，就会报出多少的价格。对丁而言，心理预期价值为19.5万元，所以他就以这个价格来投标，结果便可中标。

表8-3　第二价格密封拍卖举例

竞标者	出价	是否中标	心理估价	支付
甲	19万	否	19万	0万
乙	17万	否	17万	0万
丙	17.5万	否	17.5万	0万
丁	19.5万	是	19.5万	0.5万

按照第二价格密封拍卖的规则，投标金额的大小决定了投标者会不会中标，但是不能决定他要付多少钱。换句话说，报价第二高的投标人也不会产生额外的成本支出，而省下来的费用则是一个正的外部效应。理论上讲，只要赢得拍卖的投标者能够从这笔正的外部效应得到补偿，他就有说真话的动力。在这里，所有投标者还是应该报出一个真实的估计，抬高报价可能使你以高于实际价值的成本赢得这场拍卖；另一方面，压低报价也并不能为你省钱，反而可能使你出局，尽管你本来非常愿意支付第二高的报价。在这个投标拍卖方式中，只有当投标者的中标金额低于拍卖品对他的价值时，他才愿意投标。如果按照拍卖品对投标者的价值来投标，只有当第二高的报价低于拍卖品的价值时，投标者才会中标。目前在包括像易趣、淘宝网上的拍卖也往往都采取这种方式。其实，在实际拍卖中，可能会由于各种不同的原因，使有些竞标者行为不理智，发生竞标价格与实际价格相差甚远的现象，这将对其他投标者和拍卖者造成不良影响，而第二高价格却往往与实际价格比较接近。

其实，假如你知道所拍物品的真实价值，而且拍卖本身很公正合理，那么你的最佳策略就是按照所拍物品对你的价值来报价，而且不要涨价。还要提醒你的是，如果有人的报价超出了你此时按照心理估价报出的报价，你千万不要追涨，因为如果你中标了的话，你的成本费用就会超出你所拍的物品对你的价值，这使得你不会获得任何好处。另外，除非你感觉好玩，否则的话，在采用此类拍卖方式时，你可以在拍卖一开始就给出你可能报出的最高报价（对该拍品的心理估价），不要把时间浪费在一点一点地抬高报价的过程上。也就是说，一件对你而言价值 100 元的拍品，你在一开始就报出 100 元的报价，和你从最初报价 20 元，然后再随着别人的追价而一点一点增加到 100 元相比，这个过程只是浪费了时间，拍卖的结果却是一样的。

理论上讲，以上拍卖机制都可以很好地实现预期的效果，都能真实地揭示出所拍卖物品的真实价值。在没有串通的情况下，每个投标者的最优策略就是依照自己对拍卖商品的心理估价参加投标。当报价低于这个心理价格时，将减少投标者赢得拍卖品的概率；而报价高于此心理价格时，虽然可以提高投标者赢得拍品的概率，但他必然获得一场无利润的交易，因为他必须支付的价格可能高于其对商品的心理估价。另外，我们要知道，如果在拍卖过程中一旦出现投标者之间形成合谋、拍卖者与投标者串通、拍卖商道德风险等问题时，都可能破坏这种交易方式的有效性。

‹‹‹ 赢者诅咒

为了继续下面一个专题的问题，我们先来解释几个有关的概念。前面我们所谈到的拍卖，比如拍卖古董青花瓷，是属于**私人价值拍卖**。在这类拍卖中，拍品对不同竞标者的价值可能并非是独立的，每个竞标者都确切地知道该拍品对他本人的价值，但是却不能从其他竞标者的估价中得到对自己的估价任何有用的信息。在私人价值拍卖中，竞拍者对拍品的心理估价是他自己对标的物价值的纯粹个人评价，只有在所拍物品将会被再次出售的情况下，竞标者的估价才会取决于他再次出售该物品时所能得到的价格，这一价格又是由其他买家对物品的估价所决定的。尽管竞标者事先如果知道其他竞标者对该拍品的估价，可能会改变该竞标者的报价策略，但是却不能改变该竞标者对于该拍品的估价。

但是现实中，有很多拍卖的标的物是有一个客观实际的价值的，该价值对所有竞标者而言，都是相同的，比如拍卖一块油田、拍卖一块城市中央的土地、拍卖 3G 牌照等。但是，在拍卖时没有竞标者可以确切地知道所拍标的物的这一共同价值，只能根据他们各自掌握的不同私人信息（比如地质勘探、房地产市场调研、3G 市场容量预测等）对其进行估计。这种拍卖就属于**共同价值拍卖**。在这种拍卖中，竞标者的估价中存在一个共同部分，即再次转手的价格或一些相关品市场上的价格情况，比如油田整块被再次卖出或者开采的石油被售出所获得的收益。所有的竞标者都试图估计出所拍标的对象的真实价值，会悄悄地探知其他竞标者的估计，而且竞标者了解到其他人的估价信息后很可能会改变自己原先的估价。

以上所谈的私人价值拍卖和共同价值拍卖是比较极端的例子了，在现实生活中，拍卖标的基本都是属于这两种拍卖兼而有之的情况，拍卖估价也是私人估价和共同估价的组合，我们一般称为**相关价值拍卖**。在相关价值拍卖中，不同买家对物品的估价是相关的，但被拍卖物品对各个买家的价值可能是不同的。

好了，我们现在需要回答一个问题：赢得拍卖就是获得最终的胜利了吗？我们在前面已经明确了，在任何形式的拍卖中，竞拍人的报价肯定要依照自己对拍品的心理估价而定，但是这个心理估价毕竟是竞拍者主观的感知，而拍卖品的真实价值是不确定的，所以赢得拍卖品的中标者虽然出价高于其他竞标者，但他也很可能对拍卖品的心理估价过高，以至于付出的购买成本超过所拍物品的真实价值，从而赢得拍卖品后所获取的收益会低于正常收益，甚至收益为负值。这种情况就被称为"**赢者诅咒**（Winner's Curse）"。

举一个例子或许你就更加明白了。假设有一片国有产权的果园要对公众拍卖，采用英国式拍卖的方式，这是一个相关价值拍卖，因为竞标者对这个拍卖标的有主观的价值判断，同时果园的产出也有一个实际的价值。小墨是五位参与竞标的人之一，他估计这片果园的每年产量为 4 000 吨，如果其他竞标者的估计值要比小墨的估计值稍低，那么小墨就可能喊出一个比较高的报价而赢得这次果园拍卖。但是基于从这五个竞标者处获取的信息，小墨也许高估了这片果园的实际产量，甚至有可能小墨的估值过高以至于他的报价大大超出了果园的实际产量或者实际价值（根据实际的销售数据显示，这片果园的真实价值大概为 30 万元，但是这个信息不一定能有效地被竞拍者所获取），那么虽然他竞标获胜赢得这片果园，也会承担损失。这个拍卖中有关报价的主要信息如表 8-4 所示。

表8-4 果园拍卖

竞标者	出价	是否中标	估价	支付
甲	30 万	否	30 万	0 万
乙	37 万	否	37 万	0 万
丙	49 万	否	49 万	0 万
丁	21 万	否	21.5 万	0 万
小墨	50 万	是	51 万	1 万

在这个拍卖中，甲乙丙丁和小墨五位投标者对这片果园的估价各不相同。丁的估价最低为 21.5 万元，他最高报价到 21 万元，拍卖师喊到 21 万以上时，丁就退出了竞拍。其后是甲，他的心理估价是 30 万，所以他自己最多报价 30 万元，当报价继续上升时，甲也退出了竞拍。再后面是乙，也因为报价高出了他的心理估价 37 万元而退出了竞拍。剩下来的只有丙和小墨，二人在 37 万元之上展开竞争，直到丙报出 49 万元的价格之后，小墨再报出了 50 万的价格，丙也退出了竞拍。最后小墨就胜出了，获得了这片果园。而小墨对这片果园的心理估价是 51 万元，看起来他似乎获得支付 1 万元。但是，这个支付仅仅是他心理上的感觉，因为他的报价显然高出了这片果园的真实价值（大概为 30 万元），所以他实际上是亏损的，而且亏损还不少。

一些对此领域有兴趣的经济学家们收集了大量真实世界的数据表明：在 26% 的案例中，最高价超出了次高价的 4 倍多；77% 的案例中，最高价超过了次高价的 2 倍。比如，在 1996 年，美国联邦通信委员会（FCC）准备通过"同步加价拍卖"的方式拍卖个人通信服务所使用的频谱，Next Wave 个人通信公司成了出价最高的投标人，该公司成功拍下了 90 项无线业务生产许可，总共为此支付了六十多亿美元，一时间，引起各界的热议。但是两年后，该公司发现，随着时间的推移，这些生产许可的价值日益下跌，自己也无法按时缴纳收购费用，最终导致经营困难，只得申请破产。可见，虽然该公司赢得了拍卖，却输掉了市场。再比如，20 世纪 80 年代末 90 年代初，日本经济飞速发展，日本国内企业到世界范围内收购兼并的案例此起彼伏，日本人雄心壮志地要买下象征美国的多处商业地标及一些公司，可是结果却是这样的：三菱财团下属房地产企业三菱地所在 1989 年以约 14 亿美元的价格成功竞购纽约洛克菲勒中心，但却在 1996 年以 9 亿美元将它转手，最终却亏损高达 5 亿美元；松下电器在 1990 年以 61 亿美元竞拍到美国环球影业公司，却在 5 年后贱卖给了希格拉姆公司。这样的案例到处都是，有兴趣的话，读者朋友们可以查阅一下有关资料。

人是理性的，但是人的理性是有限的，所以在拍卖会上常常有竞拍者报出一种不理智的报价。赢者诅咒的原因来源于一种认知错觉，即一种精神作用，就如同泡沫产生的原因一样，参加竞拍的人不断地受到价格上升的正向刺激。在拍卖中，竞拍者为了赢得拍卖，就必须积极地出价，而其他竞争对手紧跟着他的报价不断加价，这会促使他不断地提高自己的报价。这些报价者的举动对周围的人会产生带动效应，结果诱使其他竞拍人也一起犯系统性的错误。就这样，拍卖价格就在一浪接一浪的高呼加价声中水涨船高，随着血压的升高和心跳的加快，竞拍人特别是志在必得的竞拍人举起的手就变得越来越不理性了，最终那个抑制不住自己亢奋情绪的竞拍人举起了象征自己成了最后胜利者的牌子，却可能会仅仅为了赢得这次竞拍而忽略了自己的真实竞拍意愿，中标后的热情也会很快被冲淡，甚至后悔自己的不理性举动。所以，在拍卖中获胜的赢家（中标者）的确还不能笑得太早，因为他们有可能在赢得拍卖品的同时还会获得意外的郁闷——"赢者诅咒"。

❖❖❖ 选址博弈

你是否纳闷过"为什么有肯德基的地方就会有麦当劳？"你是否想过"为什么苏宁电器和国美电器相隔总那么近？"除此之外，几乎在每个城市的街道上，总是部分地段商家云集，构成了城市繁华的商业区，而另外一些地段却显得很冷清，几乎没有什么商家进驻。

我们先来看一个比较简单的选址问题。在甲和乙两座城市之间，有一条笔直的（这么形容只是为了方便画图）城际公路，这条路上车流量很大，而且假设车流量是均匀分布的。有两家连锁快餐店（A 和 B）都据此看到了商机，想在这条路上（当然是路边）开一个分店，以招揽来往的车辆和行人。这两家快餐店都知道这么一个道理：通常情况下，车辆或者乘客总是乐意到距自己最近的快餐店购买食物。那么，这两家快餐店将如何布点呢？

我们想一下，如果两家快餐店入驻这条路，那只有各自都获得一半的顾客流量才是最可靠的，那么就必须让自己的快餐店能够覆盖该城际公路的一半路段。这样一来的话，A 和 B 两个店就应该分别设在这条城际公路上距离甲和乙两座城市 1/4 处。如果以甲城为初始点（坐标为 0），那么 A 和 B 两个店就应该分别布点在距甲城 1/4 和 3/4 的整个路段长度位置上。见图 8-5 所示。

图8-5　快餐店选址博弈

这样一来的话，理论上每家店就都可以拥有 1/2 的顾客量，而且对于司机和乘客来说，平均来看，这种策略是最优的选择，因为车辆到达快餐店的总距离最短啊。但是现实怎么样呢？作为两家理性的快餐店（当然其管理者是理性的），博弈就此开始了。他们都希望自己的店的生意可以更加好。A 快餐店的管理者会想，如果将自己的店从距离甲城 1/4 的地方往中间挪一下，那样自己的 A 快餐店的覆盖范围岂不是就可以增加了吗？服务的中点就不是距离甲城 1/4 的地方了，而是甲和乙两座城市中间偏右（靠近乙城）一点。对于 A 快餐店而言，这似乎是一个好主意。但是，另外一个层面来讲，难道 B 快餐店的管理者是傻瓜吗？B 快餐店自然也会将自己的店往左边（靠近两城中点的位置）移动，也希望争取更多的顾客。如此这般地讨价还价的博弈，结果必然是 A 和 B 两个快餐店都布点在甲和乙两座城际公路的中点附近，这就可以覆盖到整条路段的顾客，并就此达到纳什均衡状态，也就是我们经常看到的两家快餐店相依为邻且相安无事地一起从事快餐生意。

这里讲的是最简单的直线布点的问题，其实将问题扩大到区域范畴，也是一样的。只要条件（比如场地、资金、政策等）允许，大型的超市、商场、影院、西餐店、银行等也都几乎趋向于比邻而居，这种现象完全可以看作是公正市场竞争的合理结果，也是城市商业中心形成的原理。这在博弈论中称为**选址博弈**，也就是**霍特林模型**。之所以得名，就是因为这个模型是由哈罗德·霍特林（Harold Hotelling）提出来的。1929 年霍特林提出了空间竞争理论，其中有名的例子是霍特林的卖冰激凌理论，我们这里谈到的开快餐店就是来源于此例。要注意的是，这个模型分析的是，其他因素给定的情况下，厂商经营位置的选择。而如果厂商的位置一旦选定，那么竞争就是另外层面的了。一般而言，消费者会认为两个厂商或者两种产品在地理或特征空间中越接近，它们就越是好的替代品。这样一来，厂商或产品也就只需要与邻近他们的厂商或产品展开直接竞争，两个厂商各自都有一定的市场力量。

∷∷∷ 边缘政策

我们来讲一下古巴导弹危机。1962 年 10 月，这场危机将整个世界拖到了爆发核战争的边缘。苏联在当时领导人赫鲁晓夫的领导下，在古巴距离美国 90 英里的地方装备核导弹。10 月 22 日，美国肯尼迪政府就宣布对苏联进行海上封锁。在经过了几天的公开表态和秘密谈判之后，赫鲁晓夫同意避免正面的冲突，美国也做了一些妥协，从土耳其撤走美国的导弹。最终，苏联方面则下令拆除了在古巴装备的导弹，并装运回苏联。至此，世界在核战争边缘走了一圈又恢复了平静。早在1956年，时任美国国务卿的约翰·杜勒斯（John Dulles）就提出美国应该"不怕走到战争边缘，但要学会走到战争边缘，又不卷入战争的必要艺术。"这种主张便被称为"战争边缘政策"。

在这个古巴导弹危机事件中，苏联走到了核战争的边缘，但是看到了他们不愿意看到的景象，因此宣布撤退。肯尼迪政府采取的一系列行动，特别是军事封锁，让苏联认识到如果不顺从的话，将最终引发两个超级大国之间的一场核大战。当然，肯尼迪并没有直接向赫鲁晓夫发出"如果你们对抗，我们就将发动一场核战争，必将毁灭我们两国"这样的几乎不可置信的威胁，而是通过军事封锁传达了"我们的军事封锁已经开始了。你对抗我们的时间越长行动越多，就越可能造成局面失控。如果这个风险不能得到控制，我们谁都不能阻止核战争的爆发。现在，只有你接受我们的意见并从古巴撤出导弹，才能缓和紧张的局势"这样一个不确定的但是却更加可信的信息。这个结果显然充分地震慑了同样是理性人的赫鲁晓夫并迫使其妥协。很显然，潜在爆发的核战争这一可怕后果同样也会令肯尼迪感到恐怖，他自己就曾认为军事封锁会引发双方战争的可能性介于三分之一到二分之一之间。

所以，我们可以看出，**边缘政策**（Brinksmanship）博弈是一种将博弈参与者和其他对手置于灾难发生的可能性逐步增大风险中的一种战略，但是可怕的灾难结果实际上发生与否并不全在发出威胁一方的控制之中。这个博弈的本质就在于故意创造风险，当这个风险达到你的对手无法承受的地步，就会迫使他按照你的意愿行事，以化解可能的风险。利用这个边缘政策，可以提高自身的谈判优势。所以，我们可以看到，正是肯尼迪将全世界从核战争的大角度斜坡上往下拖了一些，才迫使赫鲁晓夫不敢继续冒险走下去，于是达成了妥协。

事实上，一个威胁会带来两方面的风险。一方面，这个威胁可能失败，竞争对手可能会对抗，那将使博弈参与者不得不在蒙受很大损失的情况下执行威胁行动。另一方面，威胁可能在不应该付诸实践的时候得到实施，或者也许竞争对手选择了顺从，但威胁行动也可能由于失误而发生。大多数威胁都伴随着行动会失误的"擦枪走火"式的风险，当这种风险出现时，威胁行动对博弈参与者自己带来的成本将成为你首先需要考虑的一个问题。

现实中，这种博弈是随处可见的，假设有一家大型企业，一线员工众多，而这些员工都加入了一个共同的工会组织，随着国内通货膨胀水平的增加，该工会组织就想趁着合同到期的时候，重新启动与企业高管的谈判，以签订一份对工人更加有利的新合同。我们可以想象得到，当工会组织提出的工资要求不能得到企业管理层同意时，他们或许会举行罢工，而罢工行为很可能会导致企业倒闭，这对双方都是灾难性的。如果你是工会组织的领导人，为了避免"擦枪走火"导致的"鱼死网破"，你该怎么做？

原来的集体合同快到期了，你不可能不着急，因为你是工会组织的头，你要为所有工会成员负责，尽管你可以要求大家照常组织生产，但是如果工会所提的要求不能被满足而将要产生的集体罢工思潮还是必然会在工人之中升腾起来的。更何况，劳资双方的谈判结果本身就是不确定的，是有风险的。你也知道，如果真的开始了大罢工，这对谁而言都并不是好的结果，你说这个威胁可信吗？即使真的罢工了，你能让罢工持续多久呢？你总不能永不返岗吧。

首先，你应该在开始时就要寻找出来一个比较小且又比较安全的威胁。你不应该将罢工的想法传达给你的组织成员们，你应该先与你的工作组织的高层人员开始有关会议，协商可能的问题，并着手启动与企业高层的谈判。其次，你千万不能直接告诉企业管理层，如果你们所提的条件得不到满足，就会举行全员罢工。因为这个威胁无论如何都不可信。只要你们还在进行谈判，就不要抛出来这样可怕的威胁。你应该让工人们一致声称要求获得高工资，并私下散步一些有关罢工的信息，让工人们群情激奋起来。这样将会诱使企业管理层明白，未来继续开出低工资的前景不妙，为了避免更大的困扰，他们会做出一些妥协。第三，在谈判陷入僵局的时候，如果可能，你可以安排制造一些小的意外事件，比如只持续几天的罢工或局部的罢工。你要知道，一旦到这个时候，你不能一边让你的工人们按照原合同继续安分地努力工作，一边继续谈判，这显然会传达出工会组织在示弱，那么企业管理层就会更加坚定开出低工资的信念。你必须保持举行罢工的某种可能性，才能激发企业管理层满足你提出的新要求。第四，作为工会的领导者，你要保持对局势发展足够的控制力。一方面，你要保持引导你的组织成员们充分授权给你，让你完全拥有与管理层达成协议的权力。另一方面，你要能够有效控制罢工发展的态势，你要对持续罢工多少天、多大的范围保持绝对的控制。如果企业管理层知道，罢工多持续一天，就会为企业带来更大的损失，而企业员工的损失远比企业的损失要小，这会刺激管理层尽快作出决定。如果你让罢工多持续一天，由此给员工带来的损失要小于他们未来将得到的收益，工人们就会知道这种持续是值得的。

以上分析就说明了，边缘政策以及由此产生的风险，可能从根本上改变了讨价还价的发展过程。当然，我们在实际中还面临更多层面的讨价还价，比如工会组织与企业管理层的谈判并不仅仅针对工资进行，还要包括医疗福利、退休保障、工作条件等等一揽子条件。所以，博弈参与者在进行讨价还价时，应该将所有有关共同利益的问题放在一起打包谈判，然后利用各方对这一揽子问题的重视程度的不同，达成对大家来说都更好的结果。

❖❖❖ 小结

本章基于冲突和谈判向大家讲述了讨价还价博弈及其应用。对于任何一项冲突，只要不是完全的合作或者完全的冲突，都需要我们进行谈判，这就是一个讨价还价的过程。在开始谈判时，我们就要考虑到"如果谈判破裂了将如何？"因为这决定了博弈结果的可能范围，而你要做的就是如何通过讨价还价来改善这个结果。在讨价还价时，参与者有顺序进行的讨价还价，有同时进行的讨价还价，这对参与者的策略选择是不一样的。对于顺序报价的讨价还价博弈而言，当谈判的多阶段博弈是单数阶段时，先报价者就具有"先动优势"；当博弈是双数阶段时，后报价者具有"后动优势"。为了削弱可能存在的不良的委托—代理问题，减少或阻止不诚实交易，诸如英式拍卖、荷兰式拍卖、第一价格密封拍卖、第二价格密封拍卖等形式的拍卖就成了一种比较有效的资源分配机制。在第一价格密封拍卖中，你的报价应该低于拍品对你的心理估价；而在第二价格密封拍卖中，假如你知道拍品对你的心理价值，你就应该按照这个价格来竞标。但是由于拍卖标的的私人价值和共同价值的区别，反而会使赢得拍卖品的竞拍者发生亏损，产生"赢者诅咒"现象。为了拓展谈判的分析视角，我们还阐述了选址博弈，厂商或产品往往倾向于扎堆与邻近的厂商或产品展开直接竞争，其实这也是一类讨价还价的过程。如果你面临着一项重要的谈判，你可以利用边缘政策提高自身的谈判优势，就是略施小计把谈判带到失败的边缘，让其他参与者相信你的威胁，最终以实现你想达到的预期结果。

:::: 基础练习

根据以下材料，回答问题。

假设有一片果园要对公众拍卖，采用英国式拍卖的方式。这片果园的真实价值大概为 30 万元，但是这个信息不能有效地被竞拍者获取。一共有五个人参与竞拍，甲的预期价值是 30 万，乙的预期价值是 37 万，丙的预期价值是 49 万，丁的预期价值是 27 万，小刘的预期价值是 53 万。

（1）小刘应该报出的竞拍价格是多少？

（2）小刘获得的预期支付是多少？

（3）小刘获得的实际价值是多少？

（4）这种情况属于什么问题？

第9章
信号博弈：避免逆向选择

人类是按有目的的理性行事的，但人类又只具有有限的理性，因此才为一种真正的组织和管理理论留下了用武之地。

——赫伯特·西蒙（Herbert A. Simon）

在接下来的两章里，我们要关注一下有关信息不对称的问题。你觉得"这看似和博弈论没有多大关系"吗？肯定不是这样的。前面我们就说了，信息结构是博弈的一个重要要素，博弈有完全信息的，也有不完全信息的，而博弈参与者的行动选择正是根据自己所掌握的信息来进行的。我不否认，在一般的图书中，本章和下一章通常被当作"信息经济学"的内容，基于本书逻辑的需要，考虑到我们需要做出各类决策的环境，我还是将本章的信号博弈和下一章的激励设计作为我们需要掌握的非常重要的博弈决策。

这里我们来看历史上的一个小故事，孙膑与庞涓之间的马陵之战。公元前314年，魏国和赵国联合攻打韩国，韩国向齐国告急。齐王派田忌率领部队前去救援，径直进军魏国都城大梁。魏将庞涓听到这个消息，率师撤离韩国回魏，而齐军已经越过大梁边界向西挺近了。当时齐国的军师孙膑对田忌说："魏军向来勇猛彪悍，看不起齐兵，齐兵被称作胆小怯懦。那么善于指挥作战的将领，就要顺应这样的趋势加以引导。"因此，他们在认真研究了战场地形条件之后，命令军队士兵在进入魏境后先砌十万人做饭的灶，第二天砌五万人做饭的灶，第三天砌三万人的灶。制造在魏军追击下，齐军士卒大批逃亡的假象。

庞涓连追三日，见齐军退却避战而又天天减灶，便不禁得意忘形起来，武断地认定齐军斗志涣散，士卒逃亡过半。于是丢下步兵和辎重，只带着一部分轻装的精锐骑兵，昼夜兼程追赶齐军。孙膑根据魏军的行动，判断魏军将于当天日落后进至马陵。马陵一带道路狭窄，树木茂盛，地势险阻，实在是打伏击战的绝好处所。于是孙膑就利用这一有利地形，选择齐军中 1 万名善射的弓箭手埋伏于道路两侧，规定到夜里以火光为号，一齐放箭，并让人把路旁一棵大树的皮剥掉，露出白木，在上面书写"庞涓死于此树之下"字样。庞涓的骑兵，果真在孙膑预计的时间进入齐军预先设伏的区域。庞涓见剥皮的树干上写着字，但看不清楚，就叫人点起火把照明。字还没有读完，齐军便万箭齐发，给魏军以迅雷不及掩耳的打击，魏军顿时惊恐失措，大败溃乱。庞涓自知无计可施，败局已定，只能拔剑自刎。在庞涓和孙膑的博弈中，庞涓最终落得拔剑自刎的结局。就是因为孙膑利用庞涓的弱点和信息不对称，制造假信息，诱其就范，使战局始终居于有利地位。

事实上，在现实的商场或生活的其他领域，都存在着广泛的信息网络，及时收集到有用的信息，是我们能够获取成功的关键。随着科技的发展，我们可以很容易的从各种渠道获取各种碎片化的信息，可以说，我们从来没有像现在这样深刻地意识到信息对于我们生活的重要影响。信息实际上就是我们博弈的筹码，我们并不一定知道未来将面对什么问题，但是掌握的信息越多，正确决策的可能性就越大。同时，信息不对称的情况时有发生，这正是造成博弈参与者之间逆向选择的原因，为此我们要从信息入手，引入信息显示和信息甄别机制。本章的目的就是告诉读者朋友们，在信息不对称的环境下，博弈的参与者会做出什么不利于自己的选择？有关的博弈又该如何进行呢？该如何通过外部的信号来规避对自己的不利影响？

❮❮❮ 信息不对称

如果说信息是有价值的，你或许没有疑问；但是如果告诉你，花

500万美元可避免朝鲜战争①，你是否会觉得不可思议呢？

话说在1950年初，即朝鲜战争爆发前夕，欧洲有一个还不为人所知的德林软件公司，在其经理的带动下，集中全公司的人力物力，孤注一掷地投下了大笔资金去研究一个题为"如果美国出兵帮助韩国，中国态度将是如何？"的课题。就在战争爆发前的8天，德林软件公司拿出了他们的研究成果，并通过公关人员接触到了美国对华政策研究室，希望可以将这一成果卖给美国政府及美国军方，他们的报价是500万美元。但是美国有关政要对此置若罔闻，也没人相信会有什么研究报告可以阻挡进军朝鲜半岛的步伐。可是令美国人没有想到是，战争持续了三年，第一次尝到了出兵海外却失败的滋味，而且失败似乎还远未停止，美国政府也开始反思出兵朝鲜是否真的有必要。这才有人想起来那份德林软件公司的研究报告。后来，美国在野的共和党以280万美元的价格买下了这份时过境迁的研究报告，该报告的主要结论只有短短的几个字："中国将出兵朝鲜"。当然，该研究成果还附有三百多页的研究资料，详尽地分析了中国的国情、历史资料和数据信息，充分论证了中国绝不会坐视朝鲜危机于不顾，而且该报告还断定一旦中国出兵，以美国为首的联合国军将会不光彩地被迫退出这场战争。事后，美国人不得不感慨："我们甘愿舍得几百亿美元和数十万美国军人的生命，却吝啬一架战斗机的代价，这应该是最大的失策。"

为卖一句话可以报价500万美元，就充分说明了信息的价值性。随着市场经济的深入和全球经济的一体化，信息已然成为一种极其重要的商品。正因为这样，很多人也在不断研究究竟什么是信息价值？它的价值到底该如何确定？这些问题也已经成为当今信息社会所面临的最基本问题之一。但是在这里，我不打算向读者朋友们讲述这些，我们关注的应该是，如果我们不能掌握有关博弈的全部信息，我们该如何进行决策呢？我们

---

① 朝鲜战争，爆发于1950年6月25日，结束于1953年7月27日，本是一场朝鲜半岛两个意识形态对立的政权之间的战争，但却让美国、中国、苏联等18个国家以不同程度地卷入进去。美国登陆朝鲜半岛之后，中国政府多次表示"中国人民决不能容忍外国的侵略，也不能听任帝国主义对自己邻人肆行侵略而置之不理""若美军跨过三八线，侵略朝鲜，我们不会坐视不顾"。战争持续三年之后，美国被迫接受签订了《朝鲜半岛军事停战协定》。

的决策会出现什么问题呢？

　　明代刘基在其《诚意伯集·卖柑者言》中写道"又何往而不金玉其外，败絮其中也哉？"这个故事讲的是：杭州有个卖水果的人，很会贮藏柑子，经历大半年也不会腐烂。拿出它来，依然光泽鲜亮，玉石般的质地，黄金似的颜色。往市场上一投放，作为跨季产品，其售价也会高出近十倍，人们依然还会争相购买。但是把柑子剖开，却像有股烟尘扑向口鼻，再看它的里面，干枯得像破棉絮一样。所以刘基就质问这个卖水果的人，干这样骗人的勾当，不是太过分了吗？后来这个成语被引申用来比喻某些人徒有其表。

　　日常生活中，我们知道有很多商品是内外有别的，而且有些商品的内在品质很难在购买时加以检验，比如瓶装的酒，盒装的香烟等。消费者或者看不到商品包装内部的样子，或者虽能看到但无法用眼睛辨别产品质量的好坏。显然，对于这类产品，买者和卖者了解的信息是不一样的，卖者肯定比买者更清楚产品的实际质量情况。再比如，一个女生面对着好几个追求自己的男生，往往是很难下定决心的，因为这些男生的性格和人品很难被她看得清，俗话说"人心隔肚皮"嘛，这就很难让这个女生在短时间内决定该选择谁。事实上，很多优秀的女孩遇人不淑，也就证实了这种交往中的信息不完全的缺陷会带来多么大的风险。

　　这里所说的信息是广义的，一切与博弈有关系的消息都是我们要关心的信息。这其中，如果有些信息是博弈参与者都知道的，或者是所有有关的参与者都知道的，它就叫做"公共信息"或者"**共同知识**"。如果有些信息是一方博弈参与者知道的，但是对方并不知道，这种信息就叫做"**私人信息**"，是拥有信息一方的私有信息。就像我们谈到的，关于那些商品的信息往往只能被接近和熟悉这种产品的人或者生产者及销售者所观察到，而那些无法接近这种产品的人或者消费者却无从了解或难以了解。正是由于这些"私人信息"的存在才导致了"**信息不对称（Asymmetric Information）**"，它就是指某些行为人拥有但另一些行为人不拥有的信息。

对经济社会中的行为主体而言，拥有的信息越多，就越能做出正确的决策。然而遗憾的是，参与博弈的人掌握的信息并不完全，总是有一部分参与者知道的信息多一些，另外一部分参与者知道的信息少一些，甚至大多数人根本无法获取准确的信息。这就为决策带来了不确定性和风险，不管是对过去的、现在的决策还是未来的决策都是如此。因为在私人信息存在的环境下，缺少信息的博弈参与者就如同在迷雾中做决策，做出的决策也就很可能是错误的，这自然影响到博弈的支付。

信息不对称理论是由三位美国经济学家——乔治·阿克洛夫（George A. Akerlof）、迈克尔·斯宾塞（A. Michael Spence）和约瑟夫·斯蒂格利茨（Joseph E. Stiglitz）提出来的，正是因为他们在不对称信息条件下的市场运行机制方面所作的开创性工作，他们也在 2001 年被授予了诺贝尔经济学奖。目前，信息不对称理论认为：市场中的卖方会比买方更了解有关商品的各种信息；买卖双方中拥有信息较少的一方会努力从另一方获取信息；掌握更多信息的一方可以通过向信息缺乏的一方传递可靠信息而在市场中获益；市场中的信号显示会在一定程度上弥补信息不对称带来的问题；等等。信息不对称理论为很多市场现象如员工管理、金融投资、就业市场、银行信贷、商品促销、医疗保险等方面出现的问题提供了很好的解释，成为信息经济学的核心，并被广泛应用到从传统的农产品市场到现代的金融市场等各个领域。

柠檬市场与逆向选择

假设你已经考取了驾照，但是你还不想这么快就购置一辆新车，尽管你心里很渴望，你还是不想在你刚刚开车上路这段时间内发生新车事故，哪怕很小的擦刮。所以，你决定到二手车市场走一圈，也许可以淘到宝贝呢。

你当然知道这个市场中的二手车有质量高的好车也有质量低的坏车，但你很显然没有能力去区分孰优孰劣，最多也只能通过销售员的简单介绍、你自己对车子外观的观察、赏车试驾等方式去获取有关信息。所以你只能假设这个市场中的车子有一半质量高的车子，也有一半质量低的车子，而且这些车子的价格一般在 4 万元到 8 万元之间。那么，你也就只愿意对这个市场中的车子付一个自己满意的中间价格。因为你知道，付出一个高达 8 万元人民币的价格也并不一定让你能够买到一部质量高的车子，而付出一个低到 4 万元人民币的价格就肯定让你能够买到一部质量低的车子。

我们假设车子的状况可以用其质量单位 θ（$40\ 000<\theta<80\ 000$）来评价，你对每一单位质量的评价是 1 元人民币，那么一个最好的有 8 万单位质量的车子，你给它 8 万元的评价，最差的 4 万单位质量的车子，你给予它 4 万元的评价。假如你对该项交易报出一个价格 P，并且获得成交，那么你从该交易中获取的支付就是 $\Pi_{买方}=V(\theta)-P$，而卖方从中获取的支付为 $\Pi_{卖方}=P-U(\theta)$。这个二手车交易的博弈如图 9-1 所示，其中括号内的支付为（买方，卖方）。

图9-1 二手车市场博弈

但是谁知道这个市场中车子的质量呢？当然是卖者，是那些销售人员，他们知道哪些车子的质量高，哪些车子的质量低，也明确知道哪些车子可以值 8 万元，哪些车子只值 4 万元。而你并不知道这些车子真实的质量信息，即使你问销售人员哪些车子好，他们也肯定会告诉你，这些车子都是很好的车子，你能相信他吗？你显然不会相信的，所以你只愿意付出平均的价格，即 6 万元（8×0.5+4×0.5）。这样一来，销售人员就肯定不会把质量高的车子卖给你，因为他自己知道好车子应该值 8 万元，他只能向你推荐质量低的车子。

当然，如果你开出的价格不是平均值，而是你预期的一个可接受的价格，比如说是 7 万元，那么真实价值在 7 万元以上的车子就会被销售人员留下，并退出与你的交易；如果你开出的价格是 5 万，那么真实价值在 5 万以下的车子才会与你达成交易。也就是说，根据你出价的情况，质量高的车子会逐渐退出市场，二手车市上车子的质量就会整体降低。极端一点地说，成交的车子都是质量不太好的，这是销售商的理性所致，也是因为信息不对称而导致的市场无效率性。

这个二手车交易的现象，早在 1970 年就由当时年轻的乔治·阿克洛夫发现，并发表了《柠檬市场：质量不确定和市场机制》的论文。在这篇论文里，阿克洛夫首次提出了"柠檬市场"的概念（"柠檬"这个词在美国的俚语中就是"次品"的意思），现在"柠檬市场"，也就是次品市场，已成为经济学家甚至普通人所熟知的一个概念，它是指信息不对称的市场，即在市场中，产品的卖方对产品的质量拥有比买方更多的信息。当然，这篇文章也就成为研究信息不对称理论的最经典文献之一，开创了逆向选择理论的先河。

其实，在经济学中，还有一个著名的定律，叫做"劣币驱逐良币"，与二手车市场的现象类似。这是 16 世纪末由英国财政大臣兼伊丽莎白女王铸币局局长托马斯·格雷欣（Thomas Gresham）提出来的，所以也称为"格雷欣法则"。他发现，在银币和金币同为本位货币同时流通的情况下，由于政府规定了金币和银币之间的价值比率，并严格按照这一比率无限制地自由买卖金银，那么金币和银币本身价值的变动就会让市场产生一种理性的选择：当那些低于法定重量或者成色的铸币即"劣币"进入流通领域之后，人们就倾向于将那些足值的"良币"收藏起来。打个比方说，如果金和银被规定的兑换比率是1:15，当银币由于开采及铸造成本降低而导致其价值降低时，人们就按照规定的1:15的比率用银币兑换金币，然后将黄金贮藏起来，最后就造成银币充斥于货币流通市场，而金币则退出了市场。如果相反，即银币的价值上升而金币的价值降低，那么人们就会用金币按规定的比例兑换成银币，将银币贮藏，货币流通市场中也就只有金币存在了。

在上述二手车市场上，为了防止花好价钱却买到车况不好的车子，买者唯一的办法就是尽可能地压低价格以规避自己对二手车质量信息掌握不完全所带来的可能的风险损失，这也就使得理性的二手车销售商不再愿意提供高质量的车子，造成质量低的车子充斥整个二手车市场，最后导致了二手车市场的无效率。当然，大家想一下，在这种情况下，理性的消费者便会认为市场上的商品都是质量差的，就更要压低价格。这样一轮一轮地博弈下去，导致二手车市场的萎缩和瓦解。就算面对一件价格较高质量较好的商品，都会持怀疑态度。本来是为了避免被骗，但是到头来却还是选择到了质量低劣的商品，这个过程就是**逆向选择**（Adverse Selection）。

以上谈到的这种情况，就类似于我们日常生活中经常说到的"得到的是不想要的，得不到的才是最好的"。曾经有位美国的著名喜剧演员格鲁乔·马克斯（Groucho Marx）说"我拒绝加入任何会收我为会员的俱乐部。"在他幽默的语言中却透露出真知灼见，我相信你懂的。

当然，在现实生活中，二手车市场依然是存在的，经营似乎也比较火爆，并没有出现利用阿克洛夫逆向选择理论所分析出来的只有最差的二手车才能卖得出去的现象。换句话说，现实世界中的信息不对称并没有造成二手车市场的失灵。这是什么原因呢？我想这种情况可能有这样几个原因：买卖双方对相同车辆的质量评价不同，或者是不同卖方或买方对同一辆车的质量评价不同，这样就减少了价格和质量之间的落差；也可能是买方中存在富有经验的专家，他对汽车质量具有较高的鉴别能力，不会随便地对不同质量的车子给出报价；另外，还有一些车况质量评价机构的存在，而且销售商也会提供完善的售后服务；等等。这些就决定了二手车市场一样可以正常运营。

ᐸᐸᐸᐸᐸ 逆向选择举例及思考

上面谈到的逆向选择问题，在市场经济中是普遍存在的基本事实，实质上是信息不对称所造成的市场资源配置扭曲的现象。逆向选择在劳动力市场、银行信贷市场、保险市场、网络交易市场等领域广泛存在。

劳动力市场的逆向选择

现在我们将眼光转向劳动力市场。为什么有人能力很高却往往怀才不遇？为什么有人能力较差却事业一帆风顺？这都是逆向选择造成的。企业在雇用劳动力时由于不了解对方的能力也可能出现逆向选择，这在招聘活动中（职位晋升中也一样）体现得最为明显，当然也是由企业和应聘者之间信息不对称造成的。

首先，对于企业而言，求职者的基本素质和工作效率是不能被有效了解的，所以企业只有根据应聘者群体的平均素质来评价应聘者并给予与其素质相适应的薪酬待遇，这个薪酬待遇反映了企业对求职者平均生产效率的预期或推测。但是，这一薪酬待遇往往高于低素质应聘者的实际水平，而低于高素质应聘者的实际水平，从而导致高素质人才放弃应聘，而低素质人才由于获得了高于他们实际素质的薪酬而愿意接受被聘任。这样一来，企业的招聘中，或者劳动力市场上就只留下了低素质的应聘者。

其次，对于应聘者而言，在信息不对称的情况下，应聘者并不了解招聘企业的真实状况，他们也只能根据招聘企业所处行业的平均情况，确定企业等级和期望薪酬待遇水平。由于具有平均等级的招聘企业的状况是介于好企业和差企业之间，因而这一预期的评级标准相当于提高了优秀企业的人才招聘风险和成本，却降低了实力较弱的企业的人才招聘风险和成本。这样的结果，会使得优秀企业放弃去招聘或另觅其他途径来引进人才，而差企业会很积极地招揽人才。最后，招聘市场上也就只留下了实力较弱的企业在招聘，招聘企业的平均等级下降。作为企业人力资源管理人员，你要注意了，那些对你开出的薪酬待遇水平最满意的求职者就是你最不想要的能力最差的员工，因为就业市场上不看好他们，所以他们才会没有选择的余地。

举一个例子，假如你所在的公司需要招聘一名新的业务主管，根据公司的情况，你对该职位开出的薪酬是年薪 10 万，现在有 10 个人前来应聘，其中有一个求职者表现出急于想得到这个职位，对工资待遇不提过多的要求，只是表示会接受公司开出的条件，你要不要录用他呢？作为一名有经验的人力资源经理，你的答案应该是否定的。因为急于想得到这个职位的人，一般是在别的单位不可能获取年薪 10 万甚至以上的人。你其实更应该抓住那些对你所开出的薪酬待遇有一丝不满且表示需要考虑一下的求职者，因为他们往往才是你所需要的员工。然而，很遗憾的是，在实际中总有很多人力资源经理或者企业老板希望用很低的薪酬引来能力很高的员工。

当然，我们知道企业在不同时期为求职者开出的薪酬待遇水平是不同的，而求职者对招聘企业提出的预期薪酬待遇水平也是不同的，这又是为什么呢？这同样是双方相互之间的博弈产生的结果。当高效率员工较多时，比如前来应聘的求职者中有很多是名牌高校毕业的，企业就会对平均生产效率的预期也较高，从而给出的薪酬待遇也较高，这样大部分的求职者都愿意接受工作，那些能力低的人自然也就可以搭上便车了。当低效率员工较多时，比如这一批次应聘者中整体质量不高，企业开出的薪酬待遇就会较低，这样大部分的求职者都不会接受聘任，甚至全部退出劳动力市场。当然，这不是全部的问题，还有一些诸如经济景气指数、大学毕业生人数、国家政策调控等在影响着劳动力市场上的逆向选择的程度。

基于此，要解决企业人力资源管理中出现的逆向选择问题，最根本的是要实现企业和求职者之间信息的公开性，使雇员和雇主都能清晰地了解彼此的情况，实现员工与企业的完美匹配，减少人力资源管理中的不确定性。这就要求建立完备的人才资源网络平台，同时完善企业自身的信息披露机制。此外，规范人才管理中心和人才中介的工作质量以及提高其信誉也是实现信息公开性的重要环节。

银行信贷的逆向选择

我们知道，当有人要去银行申请贷款时，不论是信用卡贷款，还是住房贷款，银行都会检查贷款申请人的信用状况。他们会要求贷款申请人提供各种能够证明自己信用状况或者财务状况的报表和单据，比如工资证明、资产状况证明等。尽管如此，借款人所从事项目的风险与借款的信用状况还是银行很难掌握的私人信息。我们假设信贷市场上有两类借款人，一类借款人的投资项目收益率较低，但是更能获得较稳定的投资回报，其信贷风险自然也随之较低，借款人违约的概率就比较小，这就属于"高质量贷款"；另一类借款人的投资项目具有较高的投机性，当然其项目失败的可能性也较高，但是一旦成功则借款人便能获得很高的回报，如果失败则根本无法偿还银行贷款，这一类就属于"低质量贷款"。

现在，面对着这两类借款人，银行会如何行动呢？本来，银行拥有一定的贷款定价权，对于"高质量贷款"可以给予优惠的贷款利率，对于"低质量贷款"则给予较高的贷款利率。但是，由于银行根据借款人提供的有限信息不能够完全判断出借款人的真实状况，更何况现实中有很多借款人很会伪装，银行只好给出一个平均的贷款利率水平。这一利率对于高质量借款人而言，贷款成本和贷款压力就显得很高了，甚至让他们无力支付贷款利息，就会让他们退出信贷市场。而对于那些低质量借款人而言，如果项目失败了，也就是偿还一点银行的贷款，但是如果项目运作成功了，收益就会很可观，到时候这点利息成本显然并不算什么。对银行而言，他们不管提供什么样的贷款利率，都是只能收取固定的利息收入，对于那些高风险的项目，银行也是不愿意提供贷款的，但是为什么银行就不能对高风险项目收取高的贷款利率呢？答案就在于银行无法分辨出哪个项目是高风险的。

这样一来，我们就可以看到和二手车市场上类似的尴尬局面，关心利率高低的借款人是那些信用质量较高的人，而那些预期会违约的借款人反而不会在意较高的利率。也就是说，利率的上升会使得低风险的投资项目和高质量的借款人退出市场，贷款的质量就会下降，贷款违约率就会增大，不良贷款就会增加。简单地说，利率水平越高，申请贷款者的风险越高，贷款的损失概率越高，对于理性的银行而言，他们知道这一点就会进一步提升贷款利率，这样就形成一个恶性循环，最终导致整个银行信贷市场陷入一个风险的漩涡。

对一些逆向选择的思考

谁在购买商业健康保险？ 由于人的健康状况是不同的，有健康与非健康之分，在保险公司事先设定的投保费率下，那些身体健康的人很少购买保险，而那些身体健康差的人购买健康保险的可能性就高。而有关身体健康状况的信息，在保险公司与投保人那里的分布是不对称的，保险公司由于这种信息不对称就面临着对投保人的逆向选择，这就使得保险公司亏损的可能性大增。简单讲，由于逆向选择，愿意购买保险的人往往是最容易出险的人。当然随着经济社会的发展和竞争压力的加大以及保险意识的提高，参加保险的人也有很多是为未来提供一份保障以及投资理财，但是其中的逆向选择依然存在。

裁员还是降薪？ 如果你是一家公司的人力资源主管，近期由于金融危机的影响，你们公司的效益明显下滑，老总让你就如何采取措施降低人力资源成本提出一个方案。我想你无非就两种选择：一是部分裁员，假设要裁掉 20% 的现有员工；二是全员降薪，假设也是 20%。你应该向你的老板提交哪一个方案呢？我们来看一下，如果你选择全员降薪20%，那么，那些业务能力很强的员工就会对此大感失望，他们完全有能力在劳动力市场上另觅新的东家，得到一份收入持平甚至更好的工作，毫无疑问，这些员工就会选择离开，而你其实更希望这些有能力的员工留下来，不是吗？假如你这么做了，你就在逆向选择。如果你选择部分裁员的方案，我相信你提出的裁员名单，一定是根据以往的业绩表现而做出的提名，那么就可以确保你将那些工作能力不佳的员工裁掉，这样会让你的队伍更加健康、更加有活力。

◈◈◈ 信号显示与传递

在自然界中，有一种很奇怪的现象，某些鸟类长有美丽硕大的尾巴，这一现象甚至让生物学家很早就感到迷惑不解。我们所熟知的雄性孔雀，就长有一个又长又大又亮丽的尾羽，但是按道理讲，这反而十分容易被其天敌老鹰等发现，很可能轻易地就将自己暴露在这一来自天空的威胁者的攻击视野中。同时，雄性孔雀的这一个又长又大的尾巴对它来说不仅没有什么实际的功用，而且还会增加它的行走负担，很多时候也为其在树丛中觅食带来麻烦和不便，如容易被树枝挂住。按照进化论的观点，为了适应生存环境，长如此尾巴的雄性孔雀是应该被自然选择所淘汰的。为什么我们还能看见这些长有华丽大尾巴的雄性孔雀呢？一些生物学家曾打算由此放弃进化论，但这样做似乎也不靠谱，毕竟进化论可以解释很多别的生物学现象啊！这曾经让一些生物学家陷入困惑。

但是，熟悉博弈论的生物学家约翰·梅纳德·史密斯（John Maynard Smith）却别出心裁地对这一现象进行了剖析。他认为，像雄性孔雀以及极乐鸟这类长有又大又漂亮尾巴的鸟类，实际上是在向雌性进行求偶过程中用它们的尾巴发出信号——"你看，我是最棒的，选我吧"。因为长有大尾巴的雄性鸟类会比同类中长有短小尾巴的鸟类付出更多的代价，比如更加可能被天敌发现从而遭到攻击，在生存中更容易遭遇更大的困难，等等，这反而表明了它们有更强的生存能力，从而有更好的基因可以遗传下去。读者朋友们，你觉得这个分析如何呢？

与此类似，雄鸡、雄狮等雄性动物的外观都比其雌性同类要好看一些。它们用来装饰自己的一些美丽的东西或许都是来源于一个相同的道理，即向雌性发出的一个求偶信号，显示自己有更好的优良基因。这里，这些美丽的装饰就是一种信号的显示与传递。

在信息经济学里，具有信息优势的一方（拥有私人信息的一方）采取某种行动向信息劣势一方（不了解对方私人信息的一方）发送相关信号，来告诉对方自己的真实类型，这就是**信号显示**或者**信号传递**。这种信号的显示可以用来回避逆向选择，从而改进市场运行状况。值得说明的是信号显示或传递是拥有私人信息的博弈参与者在合同签署之前就先选择自己的行动以发送有关信息。如果博弈参与者在合同提供之后再选择行动，并借此发送有关信号，那就是**信息甄别**了，我们在下一节再详细阐述。

在前面我们就已经分析了，劳动力市场是一个典型的信息不对称的市场，对于求职者能力的识别比起一般商品而言更加困难，用人单位实际上永远不可能完全搞清楚任何一位求职者的实际生产能力，而如果按照平均劳动生产率来支付薪水，则会导致高生产能力的求职者退出市场，便会形成一个"柠檬市场"。因此如何有效识别求职者的能力成为一个十分重要的问题。

为什么越是好大学，文凭越值钱？为了解决这个问题，下面我们看一个著名的教育信号传递理论，也是关于信息经济学中信号传递问题研究的发端，是由经济学家迈克尔·斯宾塞（A. Michael Spence）提出的。他对这个问题的思考起点是 MBA 的就业。他在哈佛大学读博士时，发现那些 MBA 学生在进哈佛大学之前没什么了不起，但是毕业出去之后就能比教授多挣几倍、甚至十几倍的钱，他就开始思考这究竟是为什么？

难道哈佛的 MBA 教育真有这么厉害吗？最终他研究的结论就是教育具有信号传递的作用，受教育者能够将其信息"信号"可信地传递给在信息上具有劣势的用人单位。

斯宾塞认为教育（如文凭及证书）是劳动力市场上典型的信号之一。一般而言，在相同的周期内，就读于更好的学校，获得了更高的学历，取得了更高的学位，拥有更多的资格证书的学生，会拥有比其他人更强的能力。也就是说，在通常意义上，教育信号高的人，具备高生产率、低信号成本的特征。所以，教育不仅仅是增进人力资本的价值，而且还对高生产效率的个体具有重要的信息激励作用。具体而言，在劳动力市场上，用人单位总是希望能够预先获得关于求职者的实际工作能力方面的信息，这样可以避免在招聘员工时出现逆向选择。而求职者的某些特征，如教育、以往工作经验和履历等都可以被看作是一种信号，特别是教育被看作是完成某类工作的一种能力的信号。

当然，不同类型的人获取教育文凭所付出的成本是不同的，高能力的人会以较少的成本获取含金量较高的文凭，而低能力的人要获得相应的证书则需要付出更大的成本。即使从人力资本的社会平均水平来看，高能力的人更有可能得到高水平的教育，向招聘单位发出他们高生产率的信号，并由此获得薪水较高的工作。只要按照受教育程度来制定一个职位需求或者薪酬差，就会自动促使高生产能力的人获得较高教育水平以显示自身的能力，从而获得较高的薪水，而低能力的人则只能接受较低教育获得较低薪水。所以，很多企事业单位选拔人才时为何偏爱信号值最高的名牌大学的毕业生，也就不难理解了。

事实上，很多大公司在校园招聘会上招聘毕业生时并不是十分看重求职者所学的专业，他们更看重学生毕业的学校是否属于名牌大学，他们关心的学生所毕业的学校是属于常青藤学校，还是 211 或者 985 高校。一旦他们确定了拟聘用的学生，往往都是对他们进行全新的专门的培训，而且他们所从事的工作也很可能与在学校所学的专业知识并没有很大关系。在这里我们可以看到，教育更多的只是一种"信号"，仅仅是为用人单位选择员工提供了一种依据。

在这个问题上，求职者为了显示自己的能力而选择教育水平（如文凭和证书）作为信号，然后用人单位据此选择自己认为合适的员工，并向他们提供相应的薪酬待遇。但是，如果这些信号本身存在失真，换句话说，作为求职者传递能力信息的教育信号是可寻租的，那么劳动力市场的信息传递又会发生怎样的变化呢？

比如，在我国教育市场改革进程中，伴随出现的高校并轨和大幅度扩招，从某种程度上来说就是一种教育信号寻租的表现，因为这意味着求职者获得更高教育的"门槛"大大降低，这种"门槛"的降低实际上是一种能力的降低，即低于某一能力的求职者是难以进入更高的教育水平的，但是"门槛"降低的同时伴随着其他投入的增加，如学费和各种"杂费"，这个过程意味着低能力的人也可以投入更多的学费来获得更高的教育水平。在这种情况下，学历会因为教育信号的寻租而不断"贬值"，同样的教育水平代表的平均能力也会不断下降。因此在这种教育信号寻租的情况下，教育水平显示求职者能力的信号发生了扭曲，教育作为能力信号显示机制的作用被大大弱化，低能力者也可以通过其他途径的投入提高其受教育水平，从而使整个求职者群体的平均教育水平普遍上升，教育水平所代表的能力不断"缩水"。作为回应，用人单位为了进一步区分不同能力者，就会进一步提高教育水平要求来补偿，并会依据教育水平对应的边际产出降低报酬支付，调整薪酬结构。因此，这不仅造成了激烈的职位竞争，还带来了大学毕业生失业问题。

为了加深对信号显示和信号传递的理解和认识，我们再来举几个生活中的例子。

为何要在西瓜上划个口？

夏天一到，火热的天气就让人忍不住想吃西瓜了。然而，对于一般的消费者而言，我们大都属于挑西瓜的门外汉，而卖西瓜的摊主一般都有丰富的选瓜经验。我们去路边的摊点买西瓜时，往往是不懂装懂，像模像样地托起一只瓜轻轻拍上几下，也就那么回事，实际上还是不知道里面的内容是好还是坏。但是很多时候，卖西瓜的摊主会帮我们选一下，而且在称完西瓜重量后，还会主动地在瓜上切一个三角口给我们看。他为什么这么做？他就是用他的行动向我们显示他所卖西瓜的一些我们所不知道的信息，其目的无非就是让我们相信此瓜是好瓜。

为什么需要质保证书？

前面我们分析了二手车交易的问题，在信息不对称的情况下，质量不同的产品很可能被消费者以同样的方式对待，因为劣质品在成本上具有优势，从而有可能在销售上占据优势。那么优质品就会因为它的机会成本超过市场价格，从而可能退出市场。当然，作为厂商，他们是不会心甘情愿地让自己的产品被逐出市场的，为了避免这种情况，他们就要想办法使自己的产品与劣质品区分开来，选择适当的信号以向消费者传递自己的产品是优质品的信息，就成了他们的策略。一般而言，对于高质量的车子，在使用中不需要很多维修，而对于低质量的车子，则需要大量的维修。拥有高质量车子的销售商虽然知道自己的车子真实的质量信息，但是消费者并不知道，他如果想向消费者传达这个信息，就会承诺在日后提供免费的保修服务，并承担所有的维修费用。而那些低质量车子的销售商显然并不愿意这么干，因为提供保修服务无疑会让自己承担额外的一大笔费用。所以，站在消费者的立场上，愿意提供免费保修的汽车就表明其质量不会很差。事实上，如果车子质量真的很好，在使用中几乎不会出现什么故障，保修服务也就基本上不存在了，但是保修服务的承诺很重要，因为它传达了一种积极的信息。

我们不再多说其他的了，这样的例子到处都是，所有的目的无非都是传递一种信号，并通过这种信号削弱可能存在的逆向选择。你不妨思考一下：很多商品为什么需要找名人做广告？为什么要维护自己企业的商标？为什么需要在商品包装上标示一些质量认证标志？在证券市场上公开募股的企业，为什么有的会选择两阶段融资、高折价发行？逢年过节为什么要送礼？情人节为什么男士要送女朋友鲜花？……

❖❖❖ 信息甄别与筛选

　　作为一名图书作者，我经常接触到一些出版社的业务人员，他们和我洽谈相关出版或者合作业务时，会对他们所在的出版社作出非常详细的介绍，但是我还是无从了解这些信息的真伪，对出版质量更是无法把握，因为我们之间的信息不对称程度太明显了。大多数时候，我对那些新来联系我的出版社业务人员，就会在预约的时候先提出一个要求，请他或她在来和我面谈的时候顺便带来两本他们最近出版的同类型的图书，然后再接着谈有关的业务。我为什么要这么做呢？这是因为我可以从他们最近出版的图书中看出他们出版社的整体出版质量，包括版式设计、封面装帧、编校水平、定价高低等方面。对我而言，要判断一家出版社的水平高低的确需要花一定的时间和精力，但是看看他们最近出版的图书却只需要几分钟。我这个要求的目的就是透过他们的出版物大致甄别出他们的出版质量和出版实力。

　　信号筛选或**信息甄别**（Screening）是在博弈中没有私人信息的一方为了减弱非对称信息对自己的不利影响，以便能够区别不同类型的交易对象而提出的一种交易方式，比如契约、条件等。通俗地说，信息甄别就是"如何让别人讲真话"的方法。和信号发送不同的是，在信息甄别中，博弈参与者是在合同提供之后再选择行动，并借此发送有关信号的。

　　下面，我们再来举几个例子，以便加深读者朋友们对信号筛选和甄别的理解和认识。

所罗门为何要劈开孩子？

　　古老的犹太王国的所罗门王曾经为我们提供了一个很典型的信号筛选的例子。有一次，两个妇人为了争夺一个襁褓中的婴儿，争吵到所罗门王那里。她们中的一个抱着一个已经死去的婴儿，另一个则抱着一个活生生的孩子。之所以争吵，就是因为她们都说自己是那个活着的婴儿的母亲。因为没有结果，所以来请所罗门王做主。所罗门王稍加思考后断然作出决定："把剑给我……我把这个孩子劈成两半，你们两个人一人一半吧。"听到这话，那位抱着活生生孩子的妇人说："陛下，请您不要这么做，这孩子不是我的，就把孩子还给她吧，无论如何都请您不要伤害这个孩子。"而另外一个女人说："英明的陛下，既然她说这孩子不是她的，就请您把这孩子分为两半吧。"听罢这两位妇人的诉求，所罗门王立即做出最终裁决："把孩子给请求不杀婴儿的妇人吧，她才是这孩子真正的母亲，理应归于她。把另外一位同意劈了孩子的妇人拉出去暴打一百鞭，因为她太不诚实，心肠也太歹毒。"

我们现在不去研究这个故事是否真实，也不去讨论故事中的第二位妇人是不是很傻很天真。因为，她如果足够理性的话，她完全可以说"英明的陛下，这个孩子真的是我的，请你不要杀了他，既然这位妇人已经承认了，我抱回孩子就是了。"那样的话，也许所罗门王也就没辙了。回过头来，我们只关心在这个例子中透露出来的博弈策略。所罗门王是处于信息劣势的，他完全不知道哪一位妇人才是孩子的亲生母亲。但是他也知道，真正的母亲是不会让自己的孩子被劈为两半的，而伪装的母亲则有可能对此漠不关心。基于此，所罗门王设计了一个策略，要求"将孩子一劈为二"，从而让两个妇人自动作出不同的选择。更专业一点地说，博弈中处于信息劣势的一方设计一个博弈规则，可以让不同类型的人作出不同的选择，参与者可以通过观察不同人的选择而反过来推演出他们的真实类型。这就是一种**自我选择**（Self-selection）。

所以，所罗门王就通过自己设计的一个执行方案，让孩子真正的母亲主动承认，当然，她为了孩子不被杀所以才要放弃孩子的。也就是这样一个可以让参与者"讲真话"的方案，就实现了对信息的筛选，从而可以甄别出孩子母亲的真伪。在我国流传着类似的包拯断案的故事，有兴趣的读者朋友们可以看看戏剧《灰阑记》[①]。

为什么采用会员制？

我们每个人都或多或少地拥有一张或以上的会员卡，你为什么要办理这些卡

[①]该故事讲的是：马均卿有妻胡氏、妾海棠，胡氏与郑州府令史赵某通奸，将马毒死，反诬海棠，并谋夺其亲子寿郎。郑州府府尹苏顺受赵令史蒙蔽而错断，移开封府尹包拯复审。包拯以石灰撒一圆圈，置寿郎于圈中，令胡氏和海棠尽力拉拽，谓将寿郎拉出圈外者为亲母。海棠因痛惜亲子，不忍重拉，而胡氏不顾寿郎死活，将其拉出圈外。包公断海棠为亲母，置胡氏和赵令史于法。

呢？难道成为某个机构的会员只是因为好玩吗？我们先来看一下会员制。会员制这一古老的组织形式之所以能够在世界上迅速普及，从电影院线会员、书友会、车友会到摄影、高尔夫、网球俱乐部，从移动通讯、航空公司、商业银行的 VIP 会员到证券业协会、银行家俱乐部……就源自于其独特的运作模式、特有的功能和利益上的吸引力。在会员制中，会员的条件之一就是高度地认同组织目标和价值观，要求会员有很强的忠诚度。

随着经济的发展，连锁经营的超市在我们的生活中越来越普遍，为我们提供了很大的便利。但是，我们熟知的麦德龙、山姆会员店等这类跨国仓储式大卖场的运作模式却让我们争议不断，因为他们采取会员制的方式，要进入其中采购商品，就必须是他们的会员，而且这类卖场发放的会员卡有些是免费的，而有些甚至是收费的。他们为什么要这么做呢？像国内其他超市卖场一样，谁都可以去购物不好吗？问题就在于会员制本身透露出来的优势。我们现在利用信息筛选的理论来分析一下。

对于这些机构而言，他们不了解会员或者潜在会员的真实信息，通过采取会员制的方式可以实现两方面的好处：一方面，潜在的入会者自己知道自己的特征信息，他们会为了加入该会员组织以享受来自会员制组织的好处，而具有显示自己信号的激励；另一方面，为维护这类组织的稳定和利益，减少组织中可能出现的问题，增强组织的团结、内部协作和凝聚力，组织或者机构本身也具有提供不同的合同条款和筛选机制（如收取不同的入会费、对会员进行分类分离等）来对潜在的会员进行身份甄别的动力。

一般来说，由于信息不对称，厂商并不清楚消费者属于哪种类型的，但是这并不意味着厂商就没有办法了，他们并不会放弃在消费者之间进行歧视的努力。为了增加自己的业绩，他们不会满足于对所有消费者提供统一的价格菜单和服务的。所以，从这个意义上讲，会员制是一种信号显示和信息甄别的组织形式，其筛选机制能有效地显示会员信息，能有效地进行身份甄别从而降低信息不对称所引起的交易成本，提高交易效率。这在经济学中被称为**分离均衡**（Separating Equilibrium），就是指在均衡状态下，不同类型的潜在入会者所选择的可被观察到的指标的最优水平是不同的，因而组织可以通过观察该指标来区分不同类型的博弈参与者（入会者）。也正是这样，现在的商业体系中，尤其在营销领域，会员制营销几乎覆盖了所有行业，并被实践证明是培养客户忠诚度的行之有效的手段之一。世界 500 强中的沃尔玛、麦德龙、安利、玫琳凯等都采用会员制作为主要营销模式，新兴的如 eBay、阿里巴巴等电子商务企业也大多采用会员制。

同样地，我也请读者朋友们思考一下：很多名牌产品的专卖店（如LV 专卖店）都设立在租金高昂的中心地段上，但门可罗雀，为什么不进行降价销售？为什么不换个偏僻一点儿地方去经营呢？商业银行在为客户办理住房信贷时，为什么会提供几种不同期限不同利率的方案供申请贷款的人自己选择？如果你能想到的话，还有很多这样的问题可以用本节的内容加以解释。

‹‹‹ 小结

本章主要向大家介绍了信息不对称条件下的逆向选择及其规避方法。我们以二手车交易为例，说明了在买者无法获取有关车辆真实质量信息的情况下，双方博弈的结果是拥有高质量旧车的卖者会退出交易市场，而质量差的旧车充斥市场，这就是逆向选择。这种问题出现在各种领域：愿意接受你入学申请的学校往往是你最不想去读的学校，愿意接受你们招聘条件的求职者往往是你不想要的人，购买商业健康保险的人往往是健康状况不怎么好的人，……这些都是逆向选择。熟悉这个问题之后，我们也可以为自己作出一些正确的选择，比如你不应该相信那些给你打电话建议你投资或者在股市操作的人，因为他们往往都是在投资上并无高见的无名之辈；当你面对着公司运营困难时，裁员远比降薪要好得多；等等。造成博弈参与者之间逆向选择的原因就是信息不对称，为此，如果我们要改善市场交易状况，就要从信息入手，引入信号显示和信息甄别机制。也就是说，在事前，我们可以让拥有私人信息的博弈参与者就先选择自己的行动以发送有关信息，比如购买空调前看销售方式是否有质量保证承诺；或者在事后，通过我们提供的有关条款，让参与者自己选择行动，并借此发送有关信号，比如消费者想进入某个卖场就需要提供会员卡。总之，要记住，为了降低信息不对称带来的错误判断和选择，博弈参与者往往必须依赖某些信息的提示。

∷∷ 基础练习

根据以下材料，回答问题。

假设你想买一辆二手车，但是无法判断它的价值。你自己认为这辆车子的质量好或者不值得买的概率各占一半，但是汽车的质量只有卖方才知道。表 9-1 列出了一辆汽车对你和卖方的价值。

请问在这个博弈中，你最终能达成买这辆车的交易吗？为什么？

表9-1　汽车价值情况

汽车质量	对你的价值	对卖方的价值
好	100 000 元	60 000 元
差	10 000 元	0

第10章
激励设计：规避道德风险

在所有类型的组织中，为成员提供恰当的激励成为压倒一切的任务，而我们所看到的管理工作的失败往往就出现在这一点上。

——切斯特·巴纳德（Chester I. Barnard）

前面一章我们谈到马陵之战，为大家介绍了信息不对称条件下的逆向选择及其规避方法，本章我们来看在信息不对称条件下博弈参与者之间结成委托—代理关系后可能出现的道德风险问题。

在西晋末年，八王兵戎相见，天下大乱，山东琅琊国临沂的王家建议琅琊王司马睿迁徙至东南地区独当一面，得到司马睿的赞成。司马睿初到江东，当地人对他极为冷淡，但在琅琊王氏王导及其子侄辈的精心谋划和帮助下，司马睿势力逐渐在南方扎下了根，司马睿与王导的"王马搭档"也升级成为稳定的正在结构。318 年，王导劝说司马睿继承帝位，在登基之日，司马睿感慨万分，为表达对王导的辅助和拥立之功，招呼王导"升御床共坐"，随后虽然被王导极力推辞掉，但足以显现出王家当时的权势。随后，民间也用"王与马，共天下"这一俗语形容这一幕。然而，随着司马睿坐稳了龙椅，王家势力的膨胀却在逐渐侵犯皇权独尊的敏感神经，司马睿开始对"王与马，共天下"的传言产生酸酸的感觉。于是，司马睿开始暗中限制、削弱王家的势力……

比这样更让人悲凉的例子在我国古代比比皆是，比如：汉高祖刘邦在登上帝位之后，将一起抗秦破楚、生死与共的韩信、彭越、英布、臧荼等一大群开国功臣相继以叛乱之罪赶尽杀绝；明太祖朱元璋为了巩固政权的统治地位，通过制造一些冤假错案几乎将除了汤和等寥寥几人之外的开国大臣全部杀死。与此相比，宋高祖赵匡胤通过"杯酒释兵权"让拥护其黄袍加身的功臣们相继解甲归田，反倒成了一件值得称道的事情。所以才有"飞鸟尽，良弓藏；狡兔死，走狗烹；敌国破，谋臣亡"这样的总结。为什么大家可以同甘苦，却不能共富贵呢？

司马氏和王家也好，刘邦、朱元璋和他们的开国大臣也好，都是一个博弈的参与者，而且他们都是在信息不对称条件下进行的利益博弈，在登上权力的顶峰之前，博弈双方都有共同的利益诉求和预期目的，都需要相互扶持，但是在达到预期目的之后，就失去了共同的利益基点了，双方都对对方的想法无从了解，特别是权力在位者无法了解下属的想法，这将潜在地影响权力在位者的利益，在没有很好的机制设计下，所以也就出现了那些悲剧的一幕幕。

在上一章，我们谈了信息不对称下博弈参与者在事前可能出现的逆向选择问题，本章将在信息不对称框架下，分析博弈参与者之间在事后可能出现的道德风险问题，并寻求解决之道。和事前相对应，这里所谓的事后，就是说博弈参与者之间实现了，说的专业一点儿，就是在达成了协议、签订了契约之后。

❖❖❖ 委托—代理

如果你遇到一件棘手的纠纷，需要上法庭打官司，那么你一般就需要委托你的律师为你处理这件事务，而该律师就可以接受你的委托，在你的授权范围内，代理你处理有关法律事务。此时你便与律师之间达成了一种委托—代理关系。更一般的，在法律上，当某人 A 授权于某人 B 代表 A 从事某种活动时，就发生了"委托—代理"关系。其中 A 是"委托人"，B 是"代理人"。

后来，经济学家借用了法律上的这对概念，并将其进一步扩充到任何一种涉及非对称信息的交易活动中。所以，在信息经济学中，拥有私人信息的一方常被称为**"代理人（Agent）"**，就是知情者；处于信息劣势的一方则被称作**"委托人（Principal）"**，就是不知情者。事实上，任何一项交易总是与特定的契约联系在一起的，这种信息不对称情形下的交易常被视为委托人与代理人之间签订某项契约，而他们之间就基于这种契约关系形成一种委托—代理关系。

我们所生存的社会由众多行为个体构成，人与人之间时刻发生着各种各样的联系，而信息不对称在社会经济活动中又是相当普遍，所以许多社会经济关系都可以归结为委托—代理关系。除了上述的原告或被告与代理律师之外，病人与医生、房东与房客、风险投资家与企业家、政府与国有企业、股东与经理、雇主与雇员、学校与教师、消费者与厂商、股票经纪人与股票投资者、基金投资者与基金公司等等，他们之间都可以构成委托—代理关系。除了正式的有书面合同或者协议的委托—代理关系，以及有口头委托的较为明显的委托—代理关系外，社会经济活动中还有大量隐含的委托—代理关系，比如老百姓与政府官员的关系、人民群众与国有企业之间的关系等。

我们生活中的很多经济社会活动主体之间是单一的委托—代理关系，比如病人与医生之间、基金投资者和基金公司之间的关系，但是也有一些经济社会活动虽然看起来是一个单一的关系，但是包含有多种不同的委托—代理关系，比如软件生产商与软件用户的关系。对于软件的性能、软件的生产成本等方面的信息，软件生产商掌握的肯定比软件用户多，在这里软件生产商是代理人，软件用户就是委托人，从这个层面来说是"用户委托生产商进行生产"。对于用户的需求欲望、支付能力等方面的信息，软件用户掌握的肯定比软件生产商多，从这个层面来说又是"生产商委托用户进行消费"。

再比如,在房屋租赁合同中,房东和房客之间也是一对双向的委托—代理关系。对于房客的道德品质、生活习性、支付能力等方面的信息,房东所掌握的仅仅止于在租房合同签订之前和房客接触的那么短暂的时间内获取的信息,这远远少于房客自己掌握的私人信息,这时的房客就是代理人,房东就是委托人。但是,对于房屋的质量、设施设备的使用性能等方面的信息,房客所掌握的远远不如房东自己拥有的私人信息,这时的房客就是委托人,房东就是代理人。同样的双向委托—代理关系还存在于招聘企业和求职者之间:对求职者的职业素质和工作能力的方面的信息,招聘企业处于信息劣势,是委托人,求职者是代理人;对招聘企业的经营管理、发展潜力等方面的信息,求职者则处于信息劣势,是委托人,招聘企业是代理人。这样的关系还有很多,读者朋友们不妨自己思考一下。

通过以上解释,我们可以知道,博弈论中的委托—代理关系是与信息不对称紧密相连的,针对不同环节、不同层面的信息不对称,博弈参与者之间可以构成不同的委托—代理关系。对于博弈参与各方而言,我们不能简单地说某一方是委托人、某一方是代理人,而是要具体分析他们之间委托—代理关系的属性。

⟨⟨⟨ 道德风险

在某一所大学里,作为学生日常交通工具的自行车经常被偷窃,失窃率一度高达 10%。几个有经商头脑的学生从中看到了商机,发起组织了一个自行车保险。经过一番研究,他们将保费设定为投保自行车价值的 15%。如果没有问题的话,诚如事前的分析报告所示,他们因此可以获得可观的经营利润。但是令他们没有想到的是,一段时间之后，自行车的失窃率不但没有降低，反而迅速升高了，达到了 15%。这让这些学生措手不及，不仅没赚到钱，还要倒贴进去不少。出现这么糟糕的情况，究竟是为什么呢？他们作了一番调查，发现凡是投保了自行车失窃险的学生们，对自己的自行车所施加的安全防盗措施明显减少，甚至有时候连车锁都不上了。也就是说，投保了自行车失窃险的学生由于不完全承担自行车被盗的风险，因而出现了对自行车安全防范措施不作为的行为。这个案例是曾经获得 2001 年诺贝尔经济学奖的著名经济学家约瑟夫·斯蒂格利茨（Joseph E. Stiglitz）在研究保险市场中信息不对称问题时发现的。

当你委托律师为你处理某件事务时，你的律师可能没有尽心尽力地为你工作，这种事情发生在你与律师发生"委托—代理关系"之后，这就是"事后"的信息不对称。而代理律师的不尽心尽力很显然就可能危害到了你的利益。当你雇佣了一些销售人员为你推销新上市的产品时，他们可能没有用心去做推广活动，造成公司销售业绩差，他们还要推卸责任说市场对该产品的接受度不高等，显然他们的消极怠工危害了你公司的利益。再比如银行和企业签订了借款协议之后，企业将获得的贷款改变了用途，将申请贷款时向银行承诺的投资于低风险项目的贷款资金，改投到高风险的项目上，从而可能投资失败而血本无归，这就使得银行可能面对贷款不能得到偿还的局面，这时，借款人便从事了危害银行贷款资金安全的行动。

不论是律师的不尽心工作，还是销售人员消极怠工，抑或是借款人改变贷款资金的投资用途，这些代理人们都做出了危害委托人的行为。也就是说，在信息不对称情况下，委托人委托代理人从事某项工作，由于委托人无法直接观察代理人的行动，使得代理人可能为了其自身的利益选择其行动而损害委托人的利益，这种行为就是代理人对委托人造成的"**道德风险（Moral Hazard）**"。简言之，道德风险就是从事经济活动的代理人在最大限度地增进自身效用的同时做出不利于委托人的行动。

通过第 9 章和本章先前的介绍，我们知道，信息不对称可按时间在"事前"和"事后"发生的可能性分为事前的信息不对称和事后的信息不对称。现在我们以企业招聘员工为例，来梳理一下事前和事后的信息不对称可能导致的所有问题。我们不妨先假设有些求职者要应聘某企业的某一个岗位，他们之中，能力有高低、学历有高低、工作经验有多寡，对自己真实能力大小的认识也有不同的了解。

（1）如果这批求职者一开始就知道自己的能力而企业（人力资源经理）不知道，从而使得企业以平均工资待遇招聘员工，那么就会让低能力的人留下来，这就是**逆向选择问题**。（2）如果这批求职者一开始就知道自己的能力而企业不知道，但是求职者中有不少人获得了学历文凭和资格证书等，让企业可以作为参考对其能力高低进行评估，这就是**信号显示**或**信号传递问题**。（3）如果企业首先设定了一系列岗位应聘条件，这批求职者根据这些条件，并针对自己的能力大小判断自己是否符合岗位要求，这就属于**信号筛选**或**信息甄别问题**。（4）如果企业在这批求职者之中最终决定录用一名，但是不知道这名员工的能力高低，而员工本人也不知道自己的真实能力高低，但是签约之后，员工发现了自己的真实能力，当然此时企业还不知道，那么这个问题就是一个**隐藏信息的道德风险问题**。（5）如果企业对该员工进行了专门的培训，通过职业素质评估，大致知道了该员工的能力大小，但是不知道他在工作时的努力水平，这就是员工**隐藏行动的道德风险问题**。

理论上讲，上述五种类型的博弈都可以放入"委托—代理"的框架下，但是习惯上，我们所谈到的"委托—代理"通常就是指"隐藏行动的道德风险博弈"，本书也遵照这一方式，并且将其简单地称为"道德风险"。表 10-1 介绍了部分场合下存在的道德风险及其表现。

表10-1 部分场合下的道德风险及其表现

存在场合	委托人	代理人	道德风险表现
组织管理	雇主	雇员	雇员偷懒，不努力工作
风险投资	风险投资家	企业管理者	企业管理者疏于管理，业绩不佳
银行信贷	银行	借款人	借款人将资金用于高风险项目
工程承包	发包方	承包方	承包方偷工减料，违反承包合同
销售管理	企业	销售人员	销售人员未尽心尽力推销企业产品
房屋租赁	房东	房客	房客不注意对所租房屋的维护
上市公司	股东	管理层	管理层不追求股东利益最大化，投资高风险项目，用股东的钱牟取私利
政务治理	政府和民众	公务员	公务员不努力工作、违法乱纪、以权谋私、贪污腐败
保险市场	保险公司	投保人	投保人放松防盗措施的实施 投保人放松对自身健康的维护

❖❖❖ 反常识的"保险"

刚刚，我们谈了大学校园里自行车失窃的问题，看得出是保险助长了警惕性的放松，也就是引致了道德风险。其实，"保险"是一个很宽泛的概念，不仅仅是商业性的保险金融服务，那些能提供可靠的保障措施、补偿或者救助的事务或者东西都是一种保险，你骑摩托车时所佩戴的头盔不是"保险"吗？正常成年人做爱时使用的安全套不是"保险"吗？但是在这里，我要告诉读者朋友们的是"保险助长了冒险，带来了更大风险"你认同吗？至于你现在信不信都没关系，我们先看下面的一些分析吧。

救助服务助长了冒险？

假如你打算利用某个长假进行一次自驾游，深入某处深山老林去探险，但是很可能你会遇到一些艰难险阻，要是不幸的话，还可能被困数天甚至造成死亡。但是假设现在你是某个银行的 VIP 客户，该银行为你们这些 VIP 客户提供了全方位的 SOS 救助服务，当你遇到危险的时候可以打电话求助，他们会及时派出救助人员为你解困。如果这一切都计划好了，你也配备了高性能的手机，完全可以与银行的救助中心之间保持通话，你相信如果遇到困难哪怕是险境，他们都肯定会来把你救出困境的。那你还会犹豫吗？

很显然，如果这些保障措施都不存在，没有救助机构，没有救助服务，没有手机通信，你肯定不会去自驾探险。正是有了这些保障以后，你才决定去冒险的。也就是说，虽然诸如 SOS 救助服务的本意是在客户发生意外时为其进行救助服务，但是助长了客户采取危险行为。

存款保险制度导致金融危机？

美国在 1933 年通过了《格拉斯－斯蒂格尔法案》，决定在 1934 年成立联邦存款保险公司，为商业银行的存款提供保险，最大限度地保护广大储户的利益，保障银行体系的稳定性。这一制度在两个方面增大了冒险行为。一方面，因为有了这样的联邦存款保险制度，一个储户可以把钱存储到任何一个金融中介机构（商业银行），而不必担心该商业银行贷款的风险有多大，即使知道银行会乱花钱乱投资，也可以放心地借钱给该商业银行，这就在部分储户中埋下了道德风险的种子。另一方面，商业银行吸引到的存款，都可以经过联邦存款保险，这些资金完全没有对高冒险性投资的限制，这就事实上鼓励了投保的商业银行从事高风险的资产组合以增加其预期收益，这就在商业银行中产生了道德风险。除了以上两个方面，存款保险制度还在一定程度上模糊了公众对金融机构风险的认识，降低了社会对金融机构的监督程度，放松了对投保的金融机构从事冒险行为的抑制。所以，尽管存款保险制度本身是保护投保金融机构的存款人，但是也引发了广大储户和投保金融机构的道德风险，等于鼓励他们去冒险。

事实上，由于对于存款保险的预期，商业银行便缺乏投资风险评估的激励，引致了对风险极高的夕阳业和能源生产部门的固定资产投资贷款突增，后来这些行业的固定资产大幅贬值而导致许多商业银行投资失败，最终导致了美国 20 世纪 80 年代的银行业危机，使美国纳税人损失了几十亿美元。根据这些信号，美国联邦政府意识到存款保险制度引致的道德风险产生了负向激励，于是联邦存款保险公司开始对银行业实行管制，以确保它们不会从事过于冒险的投资。所以说，存款保险制度助长了虚拟经济过度膨胀、资本运动极度疯狂，最后酿造的苦果就是金融危机。2007 年诺贝尔经济学奖获得者罗杰·梅尔森（Roger B. Myerson）教授就说"金融危机与道德风险失控紧密相关，在掌握他人财富并进行分配的金融体制中，道德风险是令人担忧的重要问题。"

医学技术发展拉升了意外怀孕?

随着科学技术的发展，各种避孕工具和避孕药物不断被研发出来，人工流产的技术（比如无痛人流术）也得到了很大提高，已达到几乎无不良后遗症的地步，这些事前和事后的保护或救助措施，毫无疑问地降低了人类自身生产的速度，世界范围内的人口增加速度得到了一定程度的抑制。但是，这些避孕工具、避孕药物和人流技术的出现及广泛使用释放了人类对自身性行为的压抑，也导致了意外怀孕和人工流产率大大增加。以往，在很多文明社会中，已婚的人们恪守着一夫一妻制，除了正常的夫妻之间的性生活之外，婚外性生活的数量或者比率很低；未婚的人们则由于受到道德约束和对意外怀孕的担心，而不敢从事婚前性行为，各种性疾病的发生率很低，怀孕生产的速度也很低。但是各种新型的避孕工具和药物以及人工流产技术让人们放松了道德层面的约束，降低了意外怀孕的担心，让人们从事婚外性生活活动的成本大大地降低。从而使得婚外性行为、婚前性行为甚至已经成为一种时尚活动，特别是年轻人之间的婚前同居已经非常普遍。

由于意外怀孕的成本被降低了，所以人们从事性生活活动时就会倾向于冒险，比如在性生活中倾向于不采取任何保护措施，最简单的想法莫过于，事后可以吃紧急避孕药，实在不行的话，大不了就是进行人工流产，反正现代医学技术的发展可以很容易地解决这个问题，成本不高，而且几乎也没啥后患。因此，现代医学医药技术的发展，在保护了人类从事性生活安全的同时，也助长了对性生活活动的冒险，也就提高了意外怀孕的机会，拉升了人工流产率。

❖❖❖ 激励约束

你为之服务的企业为什么要付工资给你呢？这个问题听起来很傻很天真，我干活了怎么不给我工资呢？其实，问题远没这么简单。企业之所以给你提供工资，那是因为企业知道你不会自觉地效忠于企业，不会自觉地为企业提供劳务或智力服务。作为理性的经济人，员工肯定会将公司的需求建立在自己的利益基础之上，如果自己的利益得不到满足，他自然不会去满足企业的需求。所以，企业才会通过支付工资的方式去改变员工的观念，让工资成为一种调节员工工作努力程度的手段，从而让员工们愿意兼顾自己的私人利益和企业的整体利益。

所以，对任何一个代理人而言，除非委托人能给代理人提供足够多的激励或奖赏，否则，代理人不会如委托人希望的那样努力工作。而要让代理人为委托人努力地工作，就必须在委托人给定的合同下满足两个约束。

首先，代理人不参加与委托人的合作，不达成这一个委托—代理博弈也就是不签订合约时，他也会有一个"**保留支付**"或"**保留效用**"，这是代理人在不接受这个合约时的最大期望效用，在经济学上就是代理人接受这个合约的机会成本。所以，对代理人的激励，首先就必须体现在让他从这项合约中所得的支付要大于代理人自己的"保留效用"，也就是说，博弈的规则要保证代理人所获得的收益至少不能比他拒绝该规则时的收益低，这就是代理人的"**个人理性约束**（Individual Rationality Constraint）"，也称为"**参与约束**（Participation Constraint）"，它是代理人接受合约的必要条件。

其次，在代理人接受了委托人提供的合约之后，他可以选择自己的努力程度，可以努力工作也可以不努力工作，但是委托人很难不花成本地就观测到代理人的行为。当然，任何一个委托人自然都希望可以让代理人为自己尽心尽力地努力工作。那么，委托人就应该提供一个合约，让代理人在努力工作时所获得的收益大于不努力工作时的收益，这就是"**激励相容约束**（Incentive Compatibility Constraint）"，它可以制约代理人的行为选择。

假如你是一家公司的老板，想通过猎头引进一名高级经理人员，现在要给他提供一份合同，这个合同要如何确定他将来所获得的薪酬待遇呢？不论在什么情况下，理性的委托人都是希望自己企业的支付——企业的预期收益最大化，这当然取决于经理人的努力所获得的产出，也要受支付给经理人的工资所影响。我们假设公司不能有效地监督这名经理人，不能确认他是否努力地为公司工作，但是可以知道的是，如果该经理人越努力工作，公司的业绩也就会越好，如果他不努力工作，公司的业绩自然就会受到影响。

如果你知道该经理人在先前那个单位的工资薪酬水平是 10 万元，那你给他开出的工资待遇就不能低于这个数，因为这是他的保留支付，如果低于这个保留支付，他是不会答应到你的公司来工作的。那么现在的问题就在于你要如何使这名经理人努力地为你工作。如果你给他一个高于 10 万元的固定工资薪酬，比如 15 万元，你还是不能保证他就好好地为公司工作，你也不能保证他不会在任职期间从事不利于公司的事情。所以，这个方案肯定不好，你应该给他提供一个有弹性的薪酬收入机制，让他能在获得保留支付的前提下，付出更多的努力就可以获得更高的薪酬。

虽然企业所有者不能直接观察经理人的行为，但能通过可观察的企业经营绩效来判断其行为。只要企业经营业绩部分地取决于经理人的努力程度，那么将企业业绩与经理人报酬挂钩就可以防止（起码部分防止）道德风险的发生。所以，你就应该将这名经理人的薪酬和公司的业绩紧密关联起来，让其工资薪酬收入成为公司业绩（产出或者利润）的函数，产出越多收入就越高，产出越少收入就越低。所以，你当然可以给予这名经理人一定的公司分红、利润提成、股票期权等。当然，你还要注意，在市场环境等因素的不确定性过大时，经理人的努力程度与企业业绩不一定吻合，这种方法就会失效。

作为委托人，如果你提供给这名经理人的薪酬方案或合同可以同时满足参与约束和激励相容约束，那么你的这个方案就可以被称为**可行激励方案**，这份合同也就是**可行激励合同**。如果这个激励方案或合同能够让代理人参与并引致出他自己最大的努力程度，也就是经理人绝对不会偷懒，那么这种激励方案就是**激励有效**的。所以在某种意义上，委托人一切目的就应该围绕这两个约束条件设计可行的有效的激励方案，让代理人可以全身心地为委托人工作。

当然，即便你设计再好的合同条款，也不意味着你可以放弃对这名经理人的监督了，毕竟合同的执行也需要有监督作为保障。所以，你还是应该花费一定的成本来加强对经理人的监督，监督使委托人在一定程度上能够直接观察代理人的努力投入状况，一旦经理人被发现有偷懒行为或其他不符合公司利益的行为都将受到惩罚。当然，企业所有者对经理人进行监督以获取其私人信息的时候要付出监督成本，它随监督程度的深入而递增；而且为尽可能减少道德风险产生的损失就必须支付给代理人一定的激励报酬，这是道德风险成本，因其边际效用的缘故而递减；这两者就构成了代理成本。这就促使企业所有者必须在监督成本与激励经理人的代理成本之间进行权衡。如果监督成本高于代理成本，则委托人要放弃观察代理人的行为，这种结果相当于代理人即经理人行为不可观察。当然，这并不是代理人行为不可观察，而是监督成本过高，委托人放弃观察。因此，监督可以减少经理人违背所有者意愿的行为，但不能解决全部问题。

❖❖❖❖ 效率工资

在上一节内容的基础上，我们来看一个博弈，通常称之为幸运 CEO 博弈。在这个博弈中有两个参与者，公司和公司的 CEO。对了，CEO 就是首席执行官的意思，英文为 Chief Executive Officer，是在一个企业中负责日常经营管理的最高级管理人员，又称为行政总裁。

首先，公司所有者为其 CEO 提供一份合同，约定 CEO 的薪酬 w 依赖于公司的利润水平 q。然后，如果这名 CEO 决定接受这个合同，他就需要为公司工作，但是他的努力水平 e 不能为公司观察到，只能假设他可以付出成本为 0 的低程度努力水平和成本为 10 的高程度努力水平。他的保留支付为 5 单位。那么，公司的支付就是 $(q-w)$，CEO 的支付为 $(w-e)$。这个博弈的有关投入产出信息如图 10-1 所示。

	公司产出的概率	
	低 （$q=0$）	高 （$q=400$）
CEO 的努力 低（$e=0$）	50%	50%
高（$e=10$）	10%	90%

图10-1　幸运CEO
博弈的投入产出信息

　　根据设定的信息，如果 CEO 提供高程度的努力，他可能面对着 10% 概率的低产出（$q=0$），也可能面对着 90% 概率的高产出（$q=400$），但是不管如何他获得的工资收入也不能低于其 5 个单位的保留支付。那么，他的参与约束就是 $10\% \times [w(0)-10]+90\% \times [w(400)-10] \geq 5$。简单地推导一下得到 $10\% \times w(0)+90\% \times w(400) \geq 15$。这就意味着这位 CEO 的预期薪酬应该等于 15。

　　要让该 CEO 努力地工作，就应该让他在努力工作时获得的收益大于其不努力工作时的收益，那么他的激励相容约束就应该是 $50\% \times w(0)+50\% \times w(400) \leq 10\% \times w(0)+90\% \times w(400)-10$。简单地推导一下，可以得到 $w(400)-w(0) \geq 25$。这个结果就说明，如果要使该 CEO 为公司努力地工作，那么公司付给他的薪酬就应该比他在不努力工作时的薪酬高出 25 个单位。

　　如果公司要给这名 CEO 开出的高工资与低工资之间的差距达到 25 个单位，这其中的弹性显然是很大的，为了更好地激励这名 CEO，那就只有采取"胡萝卜"加"大棒"的策略了。假如公司设定尽可能低的低工资，比如 $w(0)=0$，那么高工资就应该是 $w(400)=25$。在这个合同下，CEO 的期望收益为：$10\% \times 0+90\% \times 25-10=12.5$，这是他保留支付的 2.5 倍，这肯定让他很高兴。

在这个合同下，公司的支付是多少呢？公司的预期支付是预期产出扣除支付给 CEO 的工资，即 $10\% \times [0-0] + 90\% \times [400-25] = 337.5$。假如公司给这名 CEO 支付一个比较低的工资水平，不妨为其保留支付 5，那么公司的预期收益为：$50\% \times [0-5] + 50\% \times [400-5] = 195$。这样一对比，你就可以看得出来，向 CEO 支付高工资对公司而言是比较有利的，可以带来更大的产出。这也就是说，公司需要通过更高的奖励性薪酬才能实现对 CEO 良好的激励效果。

面对着公司提供的如此有诱惑力的工资待遇，很多职业经理人都会来争取这个 CEO 的职位，因为他们可以从中得到 12.5 个单位的期望工资，而在其他地方只能获得 5 个单位的工资。他们愿意拒绝其他单位提供的职位来争取得到这个公司的该职位。而一旦被录用的 CEO，一般也就不会轻易地离职再去另谋其他职位了，因为他很难再找到一个如此高工资的职位。

这种由企业付给员工的高于市场平均水平的工资，就是**效率工资**（Efficiency Wage）。这样的工资能够起到有效激励企业员工的作用，可以有效地提高生产效率，提升企业经营绩效。因为企业设计了高水平的效率工资，企业员工就不会选择企业所不愿意看到的行动，比如偷懒或者在外面兼职，因为这很有可能让自己被解雇。同时，因为工资成本提高，企业就会减少对员工的需求，这么一来，就使得现在本单位任职的员工重新找工作的代价提高了。很显然，这是一种双层作用的激励机制，会促使员工更加努力工作，以获得自己最大的薪酬收入。

所以，效率工资其实就是一种筛选机制，它通过高于市场出清时的工资水平挑选出优秀员工，并将他们留在企业内部。换句话说，效率工资就是企业或其他组织支付给员工的比市场平均水平高得多的工资，以此来促使员工努力工作的一种激励制度。

∷∷∷ 激励机制设计

关于信息不对称的问题分析到这儿，现在我们就有充分的基础来谈一下机制设计问题了。所谓**机制设计**（Mechanism Design），就是在信息不对称的条件下设计一套博弈规则，令不同类型的博弈参与者作出不同的选择，并促使他们尽最大努力去工作。换句话说，机制设计就是围绕信息甄别问题和激励设计问题展开的。

实质上，机制设计就是一种典型的三阶段不完全信息博弈：在博弈的第一轮，委托人提供一种规则、合同或制度；在博弈的第二轮，代理人选择行动，他决定是否接受这种机制；如果他接受，则进入博弈的第三轮，代理人在博弈规则约束下选择行动。

经营者股票期权

假如你是某家公司的董事长，你心里很清楚，在市场经济下，公司股票价格的变动是其经营业绩变动的衡量标准，而公司的股票价格主要取决于其长期盈利能力。公司长期盈利能力强，该公司股票分红多，增值潜力就大，证券市场的认可程度高，那么其股票价格就高。所以，既然公司的业绩取决于其高层经营管理人员的努力，那么股票价格也就取决于高层经营管理人员努力的程度。如果有一种机制能够使得你们公司的高级经营管理人员与公司的整体利益连在一起且协调一致，也就能够激发起高层经营管理者及其团队的最大努力，且避免一些道德风险行为，那自然是最佳的选择。这时，你应该想到股票期权计划。

早在 1952 年，美国有一家叫做辉瑞（Pfizer）的公司，为了避免公司主管们的现金报酬被高额的所得税"吃掉"，于是在雇员中推出了世界上第一个股票期权计划。随后的几十年中，这种制度被迅速传播开来，在美国大多数上市公司中得到成功实践和推广，现如今已经成为世界潮流，90% 以上的世界 500 强企业都对高层经理人员实行了股票期权制度。之所以选择对企业的高层经营管理人员（主要是公司经理）实行股票期权制度，是因为这部分员工是企业的中坚力量，掌握着公司的日常决策和经营权力，自然也是激励的重点。

经营者股票期权（Executive Stock Options，ESO）是现代公司的激励机制之一，其基本内容是给予公司内以首席执行官（CEO）为首的高级经理人员在未来某特定的时间按某一价格购买一定数量本公司普通股的权力。这是高级管理人员享有的一种在未来某一个时刻的选择权而不是义务，可以在规定时期内以股票期权协议签订时规定的价格（一般称为行权价格）购买公司的股票。在行使这项期权之前，股票期权持有人没有任何的现金收益，当然也不能转让，行使这项期权之后，个人收益为市场价格和行权价格之间的差价。

经营者股票期权计划之所以会产生预期的效果，完全取决于该制度所具有的优良特点，充分考虑了公司各级管理人员的参与约束和激励相容约束。首先，经营者股票期权是一种权力而不是一项义务，它更是一种看涨期权，只有在股票价格上涨时才会被经理人员选择购买，在股票价格下跌时经理人员则没有义务购买。其次，股票期权的购买价格是一种优惠价格或者是锁定价格，其行权价格必须考虑公司的增长潜力，而且一定会留给经理人员一定的股票升值空间。第三，股票期权制度体现的是一种未来的概念，其价值只有在企业各级高管人员努力工作若干年并让企业得到发展之后才能得到体现，那时的公司每股净资产得到提高，股票价格上涨，期权价值才真正有意义。

员工持股及弹性薪酬

随着你们公司经营业绩的扩大，你突然有一天意识到，作为公司股东及所有者，你和董事会的成员们对企业本身的关心远远胜于仅仅作为被雇用的劳动者的员工。你们虽然利用股票期权解决了对高层经理人员们的激励问题，但是你们依然把员工仅仅当作雇用者，如果把他们既作为雇用者又作为股东的话，员工对企业的态度就会截然不同了，他们工作的积极性自然也不同。所以，你不妨也给员工实行配股，让他们和你们这些股东成为一家人。

为员工配股就是让员工持有本公司的股票，这项计划通常被称为员工持股计划（Employee Stock Ownership Plans，ESOP）是指通过让员工持有本公司股票而使其获得激励的一种长期绩效奖励计划，这是一种常见的以股票作为手段激励方式。其目的就是让员工在观念上改变身份，使员工成为公司的股东，并通过股份分红或股票增值来分享企业成长所带来的好处。在这种计划下，企业可以设定一些优惠条件让员工通过购买的方式来持有股份，企业也可以向员工免费赠送股票。

理论上讲，假如员工拥有公司的股票，他们所付出的劳动就会得到更多的报酬。但是员工持股计划真的有效吗？我在这里告诉各位读者朋友们，从博弈论的视角看，它可能真的没有效。理由如下：

首先，因为在一些很大的公司中，每一个员工所持有的公司股票不会很多，所占的股权比例很小，只能占公司所有股份的数万分之一，甚至数百万分之一。我们假设你公司的一位员工持有公司一百万分之一的股票，那么即使他努力工作使公司增加了 100 万的可分配利润，他自己也只能获得 1 元钱的分成。这 1 元钱可以激励他什么呢？他估计什么也不会做，也不会选择付出更多的努力，因为这个配股带来的分成根本不能影响他个人的实际收益。

其次，我们在第 6 章中分析"智猪博弈"时谈到了搭便车的问题，搭便车的博弈参与者制胜的关键就是自己尽量偷懒而希望别人完成工作。从这个观点来看，企业的员工即使持有公司的一些股份也难以避免员工之间相互搭便车的困境。既然员工持有的股份很少，他自己再怎么努力也不能给他自己带来明显的利益，而如果除了自己之外的所有员工都可以努力工作，自己不用付出什么额外成本反而会获得更多的收益，那么何不让别人都去努力，而自己搭便车偷懒呢？这样的博弈结果，就使大部分员工都指望整个团队的成功是靠别人的努力而实现的。

基于以上这两点，实际上来看，员工持股计划的效果难以尽如人意。也就是说，同样都是持股计划，但是对于高层管理者和员工而言，效果是完全不同的。持股计划对高层管理者有效，是因为高层管理者人员少，每个经理人可以获得的股份就比较大，而他们对于公司的盈亏有着重要影响，足以激励他们努力地为公司工作。持股计划对普通员工低效或无效，是因为普通员工人员众多，难以避免地出现搭便车问题。那么如何解决普通员工的激励问题呢？

根据员工自身的业绩来定其薪酬就有效得多。对员工而言，如果他的薪酬是根据公司整体的业绩来发放的，只要他做的事情不对公司的利润产生很大的影响，他就不会努力工作，会变得毫无斗志。但是，如果他的工资薪酬是根据他自身的业绩来发放的，那么他就会在乎自己对公司的贡献，为了得到更好的报酬，他一定会努力工作。所以，只要员工的工作是可以用其业绩来衡量的，那么激励员工的最好方式就是采用弹性的薪酬制度，多劳多得嘛，搭便车吃大锅饭显然没有什么好处。

但是在这里，我有一点要提醒各位。虽然一直支付固定的薪酬，会让员工敷衍了事；但是完全根据他的业绩来支付薪酬，又必然让他承担很高的风险，因为某些时候即使他努力工作也可能业绩不好。那么，如果让他承担过高的风险，他可能就会要求更高的薪酬，或者干脆因为受不了压力而辞职了事，到其他单位去寻找一份比较安稳的工作。所以，雇主的激励和雇员的风险之间存在一个需要权衡的难题。

如果你能够依靠员工的努力程度而不是单纯的绩效进行考量薪酬的话，问题自然可以得到解决，那些努力了但是没有得到好的业绩的员工也不会背负难以承受的风险压力。但是问题也随之而来，一方面，员工努力了却没有得到好的绩效，问题可能在于员工自身的素质不够，另一方面，员工的努力水平很难量化，只能靠主观的判断，要比监控绩效困难得多。所以，激励和风险之间并没有一个完美的解决方案。

风险投资家的选择

现在，我们谈一下风险投资家可能面对的抉择问题。所谓风险投资，就是指那些拥有雄厚的资金实力的投资家对一些具有专门的技术并且市场前景良好，但是缺乏启动资金的创业企业家进行资助，帮助他们创业，并要承担创业投资失败风险的投资。当然，风险投资家不能无偿地这么做，他们要利用所投入的资金换作新创企业的部分股份，并希望在日后获得红利或出售该股权获取投资回报。

假如你是一位风险投资家，具体运作和管理了三十多个亿的风险资本，为了逐利，你时刻在市场上寻求投资获利的机会，甘愿冒高风险以追求最大的投资报酬。而我是一个大学里从事软件开发的教师，手上正好有一个自己认为很有前途的项目——自主开发的一款新的智能手机，但是我没有足够的钱做启动资金，所以我需要找人投资我的项目，以帮助我顺利融资实现这个项目的开工运作。我利用一些关系找到了你，向你叙述了我的全部商业计划，希望你能够资助我，并承诺你可以获得我的新企业的大部分股份。听完我的叙述，你告诉我你认为这个项目的确是一个"高科技、高成长潜力"的投资项目，但是正因为如此，这也是一个高风险的项目，但是你对此有兴趣，所以也愿意资助我。

对于投资的具体问题，我向你提出来，希望你能够为我投资2 000万，我把新创公司80%的股权给你。对于这个提议你并不完全同意，你答应给我投资2 000万元，但是必须让我自己出资50万元，你可以只拥有新创公司的50%的股份。显然，这两种方案都是站在我们各自的立场上提出来的，但是哪种方案更好呢？

如果按照我的提议，你投资给我2 000万元，获取80%的股份，这看起来很不错，你可以用2 000万这笔不算很高的投资换取一家成长性很好的公司。但是你显然不知道我到底是一个什么样的人，如果我拿到你的投资并成功申办了一家企业，但是在这之后，我是否还会继续努力地从事这项智能手机的深度开发设计，是否会变得谨小慎微而裹足不前，这些都是你不知道的。如果我不努力工作，滥用你的投资，最终导致公司倒闭，我依然还是我，我的状况不会变得更差，因为这2 000万的投资都是你的，而一旦我经营失败，你的投资将血本无归。

如果按照你的方案，你必须在我自己投资50万的基础上才肯为我投资2 000万，虽然我自己投资的50万元和你的2 000万元相比很微小，但是我工作了十几年辛苦存下来的所有财产，无论如何也算是我个人的一笔很大的投资。如果我不好好地经营新创企业，我们一起投资的2 050万元就将血本无归，这样一来，我就不会不付出努力，我要为了项目的成功全力以赴。虽然你将只获得50%的股份，但是你用30%的股权换来了一种对我的激励，这可以让我努力的工作，而我的努力工作正是该项目运作成功的关键。

我和你的提议之所以不同，是因为我们的立场和出发点完全不同。一方面，我作为创业者，肯定希望得到投资，但是我又不希望受到很大的约束，我总是希望可以规避掉自己可能的损失。如果企业的运作资金全来自于你，我即使把企业经营垮了，我也没有损失。虽然我本身也不想把企业搞垮，但是这毕竟是有风险的。另一方面，你作为投资家，肯定希望项目能够成功，也只有成功你才可以从中获得投资回报。而你毕竟有很丰富的投资经验，心里十分清楚，这个项目的核心是我的研究成果，如果我不努力，这个项目最终就会失败。所以，你必须想办法让我努力工作。基于此，你才决定让我自己也出资一部分，尽管不多，但是也足以让我伤筋动骨的了，如果我不努力工作，项目失败就会让我的日子很难过。所以你甘愿少占有30%的新创企业的股份也要让我自己必须出资一小部分。这就是你作为风险投资家的高明之处。

❯❯❯ 小结

本章主要向大家介绍了在信息不对称条件下博弈参与者之间结成委托—代理关系之后出现的道德风险问题，并阐释了对代理人的激励约束的机制设计。拥有私人信息的一方是代理人，而处于信息劣势的一方就是委托人。正是因为委托人和代理人之间的信息不对称，才造成了代理人的道德风险，也就是代理人于签订合约之后在最大限度地增进自身效用的同时做出不利于他人的行动。由于道德风险的存在，让我们遇到很多看似反常的事情，比如救助服务助长了冒险、保险带来了更大的损失、骑摩托戴头盔害死更多的人、医学技术发展拉升了意外怀孕等。

在信息不对称的环境下，要让代理人能够为委托人努力地工作，就必须在委托人给定的合同下满足对代理人的两个约束，即参与约束和激励相容约束。参与约束就是要保证代理人接受合约而获得的收益至少不能比他拒绝该合约时的收益低，激励相容约束则是让代理人在努力工作时所获得的收益大于不努力工作时的收益。那么，如何在信息不对称的条件下设计出一套博弈规则，可以让不同类型的博弈参与者作出不同的选择，并促使他们尽最大努力去工作呢？这就是机制设计问题。比如，为了有效地激励员工，在一般情况下，企业所有者应该依据代理人创造的业绩为他们发放薪酬，这样可以促使他们产生最大的工作动机。在实际运作中，对高层经营管理人员采用股票期权激励就比对一般员工进行股权激励更加有实际意义，对后者采取以其自身所创造的业绩来核定薪酬则更加激励有效。再比如，让创业企业家与风险投资家一样也投入部分资金就会更能激励起创业企业家的努力程度。

⦂⦂⦂ 基础练习

一、根据以下材料，回答问题。

如果学生在考试之前全面复习，考好的概率为90%，如果学生只复习一部分重点，则有50%的概率考好。全面复习花费的时间 t_1=100小时，重点复习之需要花费 t_2=20小时。学生的效用函数为：$U=W-2e$，其中 W 是考试成绩，有高低两种分数 W_h 和 W_l，e 为努力学习的时间。

请分析老师如何才能促使学生全面复习？

二、根据以下材料，回答问题。

有一个专卖店经常丢失货物，盘点的时候库存经常对不上账目，每个礼拜都会少几双鞋子。但老板不知道到底是什么原因导致这些货物少掉的，不知道是员工自己监守自盗，还是顾客顺手牵羊。所以专卖店只有按照店里的规章制度，依据进货的成本价格让该专卖店的员工集体进行赔偿。但这导致了一些员工的不满，他们觉得自己没有偷走货物，让自己来承担赔偿责任实属不该。关键问题是，即便进行了赔偿，该专卖店里依然还是出现丢货物的现象。

请分析该专卖店一直丢失货物的症结在哪里？你有什么好的办法可以解决这个问题？

主要参考文献

[01] [美]阿维纳什·K. 迪克西特，巴里·J. 奈尔伯夫. 策略思维——商界、政界及日常生活中的策略竞争 [M]. 北京：中国人民大学出版社，2003.

[02] 张维迎. 博弈论与信息经济学 [M]. 上海：上海三联书店、上海人民出版社，2004.

[03] [美]普拉伊特·K. 杜塔. 策略与博弈——理论及实践 [M]. 上海：上海财经大学出版社，2005.

[04] [美]托马斯·谢林. 微观动机与宏观行为 [M]. 北京：中国人民大学出版社，2005.

[05] 潘天群. 博弈思维——逻辑使你决策致胜 [M]. 北京：北京大学出版社，2005.

[06] [美]约瑟夫·E. 斯蒂格利茨. 经济学（第3版）[M]. 北京：中国人民大学出版社，2006.

[07] [美]科林·F. 凯莫勒. 行为博弈 [M]. 北京：中国人民大学出版社，2006.

[08] [瑞典]乔根·W. 威布尔. 演化博弈论 [M]. 上海：上海三联书店、上海人民出版社，2006.

[09] [美]戴维·M. 克雷普斯. 管理者微观经济学 [M]. 北京：中国人民大学出版社，2006.

[10] [美]托马斯·谢林. 冲突的战略 [M]. 北京：华夏出版社，2006.

[11] [英]安东尼·凯利. 决策中的博弈论 [M]. 北京：北京大学出版社，2007.

[12] [美]理查德·H. 泰勒. 赢者的诅咒——经济生活中的悖论与反常现象 [M]. 北京：中国人民大学出版社，2007.

[13] [英]约翰·梅纳德·史密斯. 演化与博弈论 [M]. 上海：复旦大学出版社，2008.

[14] [美]艾里克·拉斯缪森. 博弈与信息：博弈论概论（第4版）[M]. 北京：中国人民大学出版社，2009.

[15] ［美］阿维纳什·K. 迪克西特，苏珊·斯克丝. 策略博弈（第 2 版）[M]. 北京：中国人民大学出版社，2009.

[16] ［英］肯·宾默尔. 博弈论教程 [M]. 上海：格致出版社、上海三联书店、上海人民出版社，2010.

[17] 陈钊. 信息与激励经济学（第 2 版）[M]. 上海：格致出版社、上海三联书店、上海人民出版社，2010.

[18] ［美］乔尔·沃森. 策略：博弈论导论 [M]. 上海：格致出版社、上海三联书店、上海人民出版社，2010.

[19] ［美］查尔斯·A. 霍尔特. 市场、博弈和策略行为 [M]. 上海：格致出版社、上海人民出版社，2011.

[20] ［美］赫伯特·金迪斯. 理性的边界：博弈论与各门行为科学的统一 [M]. 上海：格致出版社、上海三联书店、上海人民出版社，2011.

[21] ［美］何维·莫林. 合作的微观经济学：一种博弈论的阐释 [M]. 上海：格致出版社、上海三联书店、上海人民出版社，2011.

[22] 王则柯. 博弈论平话 [M]. 北京：中信出版社，2011.

[23] ［美］詹姆斯·D. 米勒. 活学活用博弈论 [M]. 北京：机械工业出版社，2011.